应力波基础

邹冠贵　叶先扬　著

科 学 出 版 社
北 京

内 容 简 介

本书系统地介绍了应力波的基本理论。首先介绍了弹性波的基本概念，包括弹性、应力、应变和胡克定律等，然后通过运动方程推导弹性固体中的应力波传播方程，包括平面波、均匀杆中的纵波、杆的纵向冲击等；还深入讨论了弹性固体中的其他波，如瑞利面波和弹性波在自由边界的反射，借助线性化理论，进一步深化对弹性波的理解。此外，还介绍了运用张量推导基于位移函数的弹性波方程。最后，探讨了弹性波的实际应用实例，包括在声波和水波等领域的应用。附录部分提供了泰勒定理、高斯定理和傅里叶级数等数学基础知识。

通过学习本书，读者可以深入了解应力波理论及其在地球物理学、地质工程等领域的应用，为解决实际问题提供有力的支持。

本书适合于地球物理学、地质工程等相关专业的本科生和研究生使用，也可供相关领域的科研人员和工程技术人员参考。

图书在版编目（CIP）数据

应力波基础 / 邹冠贵，叶先扬著. -- 北京：科学出版社，2025. 3.
ISBN 978-7-03- 080712-0

Ⅰ. 0347.4

中国国家版本馆 CIP 数据核字第 2024Q3D109 号

责任编辑：焦 健 崔慧娴 / 责任校对：韩 杨
责任印制：肖 兴 / 封面设计：无极书装

科学出版社 出版
北京东黄城根北街 16 号
邮政编码：100717
http://www.sciencep.com
北京九州迅驰传媒文化有限公司印刷
科学出版社发行 各地新华书店经销
*
2025 年 3 月第 一 版 开本：787×1092 1/16
2025 年 3 月第一次印刷 印张：10
字数：237 000
定价：98.00 元

自 序 一

应力波是指因应力和应变扰动在介质中传播而形成的一种波动现象，通常表现为弹性波，它是在材料中广泛存在的一种能量传播形式。应力波的研究是应用数学和古典力学中的一个重要分支。因为波动的物理现象在自然界中普遍存在，人类在了解自然界的物理探索中以及在利用自然界的工程应用中，逐步展开了对应力波的理论探讨与工程应用的研究。

本书从古典弹性力学出发，首先介绍应力、应变、胡克定律、平衡方程、谐和条件和边界条件，以及连续介质运动的材料和空间坐标系统，然后对运动方程中推导出的波方程进行求解并加以说明，分别介绍了应力波的横波和纵波形式，进一步推广至平面波，并且对具有工程应用价值的均匀杆内的纵波做了进一步的讨论，其中也包括杆的纵向冲击问题，然后在此基础上介绍了著名的霍普金森（Hopkinson）实验。

随着电子技术的发展，高频率弹性波的产生与检测变得更加容易，于是超声波迅速成为一个独立的研究领域。当存在自由边界时，弹性固体会产生面波即瑞利（Rayleigh）波。

本书对相关波的折射、反射等物理现象也做了简单的介绍，考虑到研究生理解波动基础知识的需要，还介绍了简谐运动，同时用卡氏（Cartesian）张量来推导基于位移函数的弹性波方程，并且也把瑞利波和勒夫（Love）波的数学推导过程详细列出，此外，也介绍了波的相（phase）速度和群（group）速度。

最后还介绍了自然界常见的声波与水波，包括声波中的多普勒（Doppler）效应和水波中的海洋潮汐现象，其中还特别提到在理论力学中的科里奥利（Coriolis）力的作用下，南北半球出现的有趣现象！

自 2003 年起，笔者在清华大学、中国科学院研究生院（今中国科学院大学）、北京理工大学，大连理工大学、上海大学、同济大学和广州中山大学分别讲授复合材料力学、断裂力学、结构失效分析、弹性力学和理论力学等课程（相关的英文授课讲义已捐赠至清华大学图书馆保钓资料收藏研究中心）。自 2016 年起，承蒙邹冠贵教授之邀在中国矿大（北京）共同讲授应力波课程，并且合作整理应力波授课讲义，加入应力波在煤矿检测的内容，改写成本书，特此志序。

叶先杨

2024 年 10 月 7 日

自 序 二

在自然科学的广阔天地中，应力波研究与应用占据着独特的位置。应力波的早期研究历程，在勒夫所著的 *A Treatise on the Mathematical Theory of Elasticity* 中有较为系统的阐述。该著作出版于 1944 年，它将应力波研究起源总结为工程力学、数学等多个领域的自然科学家开展的一系列科学研究，并建立起了弹性介质中波传播概念及公理化。1940 年后，随着工程应用需求的增长，人们对波传播效应的浓厚兴趣逐渐显现出来，例如，在高加载速率下材料性能的分析。从那时起，我便对弹性波产生了兴趣。这份兴趣在高速机械、超声波、压电现象、材料性能测量，以及土木工程实践（如打桩）、地下油气资源地震勘探等相关社会需求的推动下，与日俱增。总之，应力波坚实的理论基础研究成果为广大工程应用提供了很好支撑。

在教授“地震波动力学”课程的过程中，我深刻体会到这门学科的博大精深。然而，初学者往往面临两大挑战：一方面，繁复的数学公式显得过于抽象；另一方面，学生难以将波动现象的物理本质与数学公理化体系建立直观联系。这种教学困境让我萌生了一个构想——或许需要编写一本更具科普特色的教材，来架设理论知识与学生理解之间的桥梁。经过深入调研，我发现这个构想面临着双重挑战：首先，地震波动力学研究本身就需要扎实的数理基础，其知识体系融合了材料力学、数学物理方程、偏微分方程等多个学科；其次，要实现科普化的目标，必须建立跨学科的认知视角。值得注意的是，地震波动力学研究的弹性波作为应力波的一种特殊形式，在固体力学中具有广泛的应用价值，这恰恰为科普化教学提供了丰富的切入点。

机缘巧合，我认识了加利福尼亚（以下简称“加州”）大学长滩分校的叶先扬教授，他早年毕业于台湾成功大学，后赴美国留学，先后在布朗大学、哥伦比亚大学和南加州大学取得了应用数学硕士、工程力学硕士和结构力学博士学位。叶教授的研究兴趣主要包括复合材料力学、断裂和损伤力学、结构和机械部件失效分析与设计。叶教授还是著名的“保钓”人士。叶教授在美国退休后，在清华大学、中国科学院大学等高校开展了多年的讲学。和叶先扬教授谈起地震勘探在煤炭领域的广泛应用时，他感叹，没有想到研究生期间学习的应力波在地学领域也有那么大的“威力”，因此我邀请叶老师在中国矿业大学（北京）讲授“应力波基础”，受到广大学生的热烈欢迎。

本书是由加州大学长滩分校叶先扬教授讲授“应力波概论”的讲义整理而成。固体中应力波传播分为弹性波、塑性波和冲击波。本书主要阐述应力波的弹性经典理论，包括固体中的体波传播、面波传播，同时也介绍了位移位、向量与张量等与数学相关的内容。我们尽可能把公式推导简单化，便于具有一定专业知识的读者理解。希望这本书能够引领读者走进这个充满魅力的科学世界，激发大家对这一领域的兴趣。

在本书编写过程中，我们不仅尽力确保内容的准确性和完整性，也注重表述的清晰与流畅，比如在数学符号的选择方面，我们参考了国外经典著作的一些表达形式，也借鉴了国内的一些表达习惯，尽量做到符号简单，便于读者接受。

在此，我要感谢所有为本书付出辛勤劳动的人，包括参与编写工作的各位同学、审稿人员。没有他们的支持与协助，这本教材是不可能完成的。感谢国家自然基金委面上项目（项目编号：42274165）、国家重点研发计划课题（项目编号：2023YFB3211002）的资助。最后，希望本书能成为读者们探索应力波世界的得力助手，愿大家在这一旅程中收获满满的知识与乐趣！

邹冠贵

2024 年 9 月 16 日

目　　录

第 1 章　应力波的弹性理论基础

应力波是指因应力和应变扰动在介质中传播而形成的一种波动现象，通常表现为弹性波，它是在材料中广泛存在的一种能量传播形式。为了更好地描述应力波的传播，还抽象出介质的概念。介质和材料是两个既相互联系又有所区别的概念。介质作为波动能量传递的媒介，是材料的一种特殊形态；而材料则是一个更为广泛的概念，涵盖了自然界中存在的各种物质以及通过人工合成或加工得到的新物质。应力波在固体力学、材料科学、地球物理学等多个领域中都有广泛的应用。例如，在地震学中，地震波就是一种应力波，它在地壳中传播并携带了地下地层信息；在材料加工和测试中，应力波也可以用来检测材料的内部缺陷和力学性能。

应力波的传播离不开介质。根据介质对外力的响应特性，可以把介质划分为刚体、弹性体、塑性体。在物理学中，刚体是变形为零或小到可以忽略的材料。无论施加在其上的外力或力矩如何变化，刚体上任意两个给定点之间的距离在时间上保持不变。刚体通常被认为是质量呈连续分布的物体。刚体是个理想模型，如果物体的刚性足够大，以致其中弹性波的传播速度比该物体的运动速度大很多，从而可以认为弹性扰动的传播是瞬时的，就可以把该物体当成刚体处理。弹性体泛指除去外力后能恢复原状的材料，但具有弹性的材料并不一定是弹性体。弹性体只是在弱应力下形变显著，且应力松弛后能迅速恢复到接近原有状态和尺寸的材料。塑性体泛指消除外力后很少或完全不能恢复原状的材料。材料往往既表现为弹性又表现为塑性，这样的材料叫做弹塑性体。

在刚体中，由于其变形量很小或为零，应力波的传播表现为瞬时传播，即弹性波。弹性波的传播速度是介质中声速的函数，与介质的密度和弹性模量有关。在弹性体中，应力波的传播同样表现为弹性波，但其传播速度和特性与弹性体的性质有关。弹性体通常具有一定的弹性和能量吸收能力，使得应力波在传播过程中会发生散射、反射等复杂现象。在塑性体中，应力波的传播方式与弹性体和刚体有所不同。塑性体的特点是存在显著的形变和能量耗散，因此应力波在塑性体中的传播通常表现为黏塑性波或黏弹塑性波，其传播过程受到材料黏性和塑性的影响。

综上所述，刚体、弹性体和塑性体是不同材料属性的代表，它们与应力波的关系在于应力波在这些材料中的传播方式和特性有所不同。因此，了解这些差异有助于更好地理解不同材料中应力波的传播机制和规律，为相关领域的研究和应用提供基础支撑。

1.1　杆的拉伸应力与拉应变

把介质抽象成一个杆的形状，考虑一个杆的末端受到力的作用，如图 1.1 所示。在讨论内部力的大小时，假设通过横截面 mn 把杆切成两部分，考虑杆上部分的平衡[图 1.1(b)]，在该部分的下端应该有施加的拉力 P 。

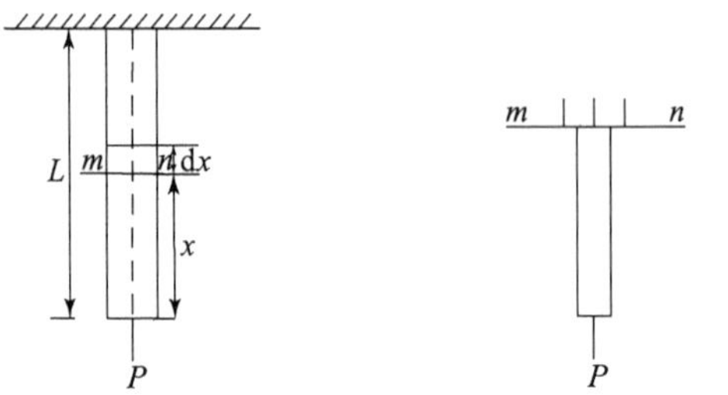

(a)杆受拉力P作用图　(b)截取mn截面后杆部分受力图

图 1.1　受拉力作用的杆

在轴向应力的例子中，所有部分具有相同的伸长率，横截面 mn 上的力是均匀分布的。这些力的合力将穿过横截面的质心，并将沿杆的轴线方向作用。

根据平衡条件，这些力的总和［图 1.1（b）］必须等于 P，并将单位横截面积的力表示为σ，我们得到

$$\sigma = \frac{P}{A} \tag{1.1}$$

单位面积的力称为单位应力，或简称应力。杆单位长度的伸长率ϵ 由以下公式确定：

$$\epsilon = \frac{\delta}{L} \tag{1.2}$$

单位长度伸长率ϵ 称为应变。

通过对杆延伸的直接实验（图 1.1），已经确定在许多结构材料中在一定限度内材料单位伸长率与拉伸应力成正比。材料所受应力及其对应产生的应变之间存在这种简单的线性关系，被称为胡克定律。

由胡克定律，可得

$$E = \frac{P / A}{\delta / L} = \frac{PL}{A\delta} \tag{1.3}$$

其中，P 为杆承受的拉力；L 为杆的长度；A 为杆的截面积；δ 为杆的总伸长量；E 为材料的弹性常数，称为弹性模量或杨氏模量。

胡克定律也可以写成以下形式：

$$E = \frac{\sigma}{\epsilon} \tag{1.4}$$

由此可得，杨氏模量等于应力除以应变。

1.2　杆的横向收缩

实验表明，轴向伸长率总是伴随着横向收缩，在给定材料弹性极限内横向收缩率与轴向应变率的比值是常数，即

$$\frac{\text{横向收缩率}}{\text{轴向应变率}} = \nu \tag{1.5}$$

这个常数被称为泊松比，用ν 表示。泊松发现，在所有方向上具有相同弹性的材料，即各

向同性材料，$\nu=\dfrac{1}{4}$。如果知道材料的泊松比，就可以计算出拉伸杆的体积变化。

例 1.1　求受拉杆的单位体积变化。

解　在拉伸中，杆的长度将按一定比例增加，即

$$(1+\epsilon):1$$

由于横向尺寸按一定比例减小，因此横截面积也按一定比例减小，那么杆的体积将按一定比例变化，即

$$(1+\epsilon)(1-\nu\epsilon)^2:1$$

$$(1+\epsilon-2\nu\epsilon):1$$

如果假设ϵ是一个很小的量并忽略了它的高阶项影响，则单位体积应变（ε_v）的表达式为

$$\varepsilon_v=\epsilon(1-2\nu) \tag{1.6}$$

任何材料在受拉时其体积都不可能减小，因此ν必须小于 1/2。

对于橡胶和石蜡等材料，ν接近 1/2 极限，因此这些材料在拉伸期间的体积保持恒定不变。另外，混凝土材料的ν很小，一般在 1/8 到 1/12 之间，而软木塞材料的ν近似等于 0。

以上有关横向收缩的阐述，通过适当的修改推广可以应用于材料压缩的情况。纵向压缩伴随着横向膨胀，在材料经受压缩时所测得的ν值，与材料经受拉伸所测得的ν值是相同的。

1.3　矩形六面体上的剪应力

如果我们考虑矩形平行六面体变形的特殊情况，其中

$$\sigma_z=\sigma,\quad \sigma_y=-\sigma,\quad \sigma_x=0$$

通过在平行于 x 轴、与 y 轴和 z 轴成 45°角的平面上切出一个二维单元体 $abcd$，剖面如图 1.2 所示，从图 1.2（b）可以看出，通过沿 bc 线方向和垂直于 bc 的方向求合力，该单元体侧面的法向应力为零，侧面的剪切应力为τ。

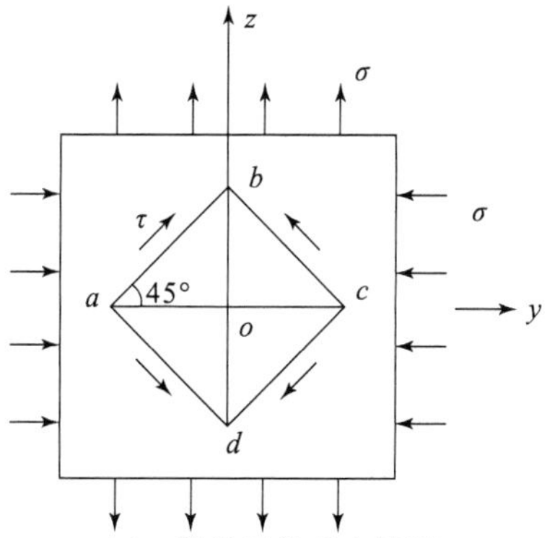

(a)二维单元体受力情况

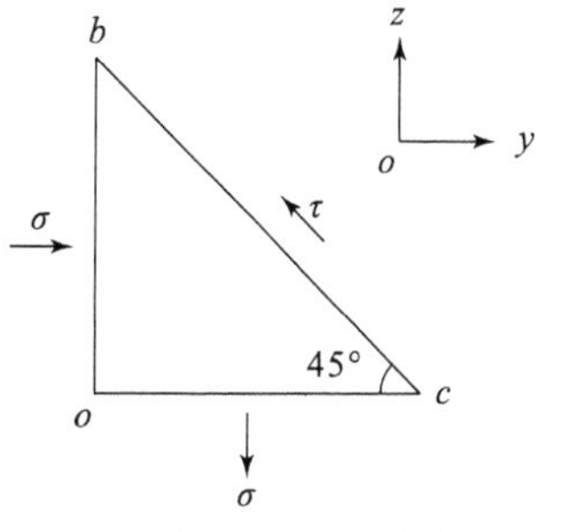

(b)二维单元体中obc单元受力情况

图 1.2　作用在无限小二维单元体的应力

假设沿 ob 侧的面积为 A，则沿 oc 侧的面积为 A，沿 bc 侧的面积为 $A\sqrt{2}$，因此，我们有力平衡方程：

$$\sum F_z = 0, \qquad \sigma A = (\tau\cos 45°)A\sqrt{2}$$

所以

$$\tau = \sigma \tag{1.7}$$

这种应力状况称为纯剪应力。

在剪应力作用下，单元体发生剪切应变,用小角度 r 的大小表示,可以取为比值 aa_1/ad,其中 aa_1 表示 ab 相对于 dc 的水平移动。除以这两侧之间的距离 ad。

如果材料遵循胡克定律，则这种滑动与应力 τ 成正比，剪切应力与剪切应变之间的关系为

$$\gamma = \frac{\tau}{G} \tag{1.8}$$

其中，G 称为剪切弹性模量或刚性模量（或剪切模量），取决于材料的力学特性。

由于图 1.3 中单元 $abcd$ 的变形完全由对角线 bd 的伸长和对角线 ac 的收缩来定义，而且由于可以使用前文中的方程计算这些变形，因此可以得出结论，模量 G 可以用杨氏模量 E 和泊松比 ν 来表示。

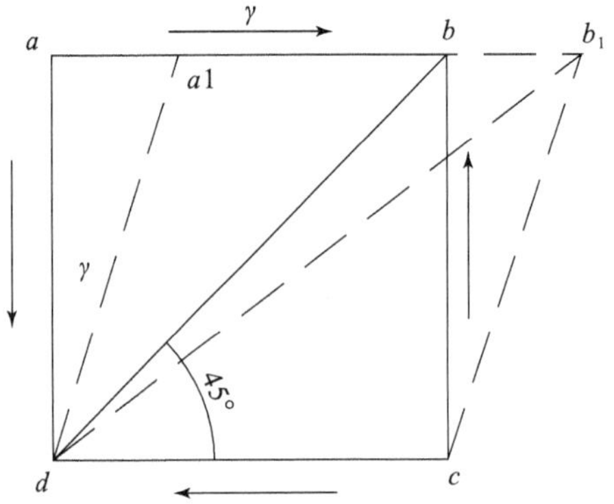

图 1.3　无限小二维单元体的剪切变形

为了建立这种关系，考虑图 1.4 中的三角形 oab。该三角形 ob 边的伸长率和 oa 边的缩短将通过以下方式建立形成三角形 oa_1b_1：

在图 1.4 所示变形过程中，三角形边 ob 的伸长和边 oa 的缩短分别表示如下：

$$ob_1 = ob(1+\epsilon_x)$$

$$oa_1 = oa(1+\epsilon_y)$$

$$\tan(ob_1a_1) = \tan\left(\frac{\pi}{4}-\frac{\gamma}{2}\right) = \frac{oa_1}{ob_1} = \frac{1+\epsilon_y}{1+\epsilon_x} \tag{1.9}$$

对于小角度 γ，我们也有

$$\tan\left(\frac{\pi}{4}-\frac{\gamma}{2}\right) = \frac{\tan\frac{\pi}{4}-\tan\frac{\gamma}{2}}{1+\tan\frac{\pi}{4}\tan\frac{\gamma}{2}} \approx \frac{1-\frac{\gamma}{2}}{1+\frac{\gamma}{2}} \tag{1.10}$$

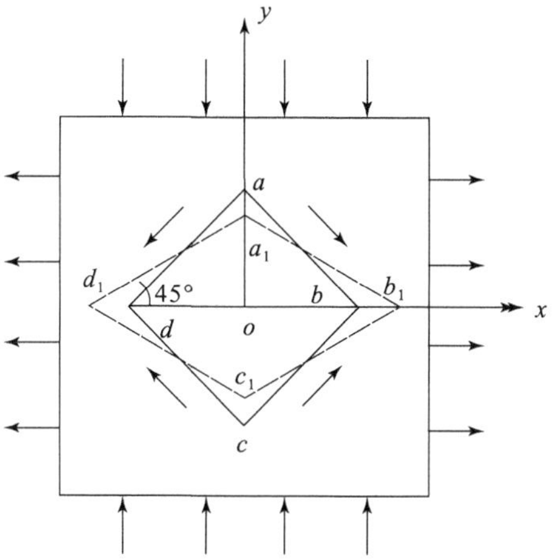

图 1.4　作用在无限小二维单元体的应力

观察到在纯剪切的情况有

$$\sigma_x = -\sigma_y = \tau$$

此外，x 方向的应变拉伸伴随着横向应变分量（收缩），即

$$\epsilon_x = \frac{\sigma_x}{E}, \quad \epsilon_y = \frac{-\nu\sigma_x}{E}$$

由于上述变量同时受到均匀分布在侧面上的法向应力 σ_x，在 $-\sigma_y$ 作用下，总应变分量为

$$\epsilon_x = \frac{\sigma_x}{E} - \frac{\nu\sigma_y}{E} = \frac{(1+\nu)\sigma_x}{E}$$

$$\epsilon_y = \frac{\sigma_y}{E} - \frac{\nu\sigma_y}{E} = -\frac{(1+\nu)\sigma_x}{E}$$

所以

$$\epsilon_x = -\epsilon_y = \frac{\sigma_x(1+\nu)}{E} = \frac{\tau(1+\nu)}{E}$$

将其代入式（1.9）和式（1.10），可得到

$$\frac{1-\dfrac{\tau(1+\nu)}{E}}{1+\dfrac{\tau(1+\nu)}{E}} = \frac{1-\dfrac{\gamma}{2}}{1+\dfrac{\gamma}{2}}$$

所以

$$\frac{\gamma}{2} = \frac{\tau(1+\nu)}{E}$$

或

$$\gamma = \frac{2\tau(1+\nu)}{E}$$

将此结果与式（1.8）进行比较，可得出结论：因为 $\gamma = \tau / G$，所以有

$$\gamma = \frac{2\tau(1+\nu)}{E}, \quad G = \frac{E}{2(1+\nu)} \tag{1.11}$$

1.4 三维情况下的胡克定律

应力分量和应变分量之间的线性关系通常称为胡克定律。现在考虑三维情况下的胡克定律。假设以一个三维平行六面体作为单元体，其侧面平行于坐标轴，并受到均匀分布在两个相对侧面的法向应力作用，就像在拉伸测试中一样。单元体在比例极限之前的单位伸长率由下式给出：

$$\epsilon_x = \frac{\sigma_x}{E} \tag{1.12}$$

单元体在 x 方向上的这种延伸伴随着横向应变分量（收缩），即

$$\epsilon_y = -\nu\frac{\sigma_x}{E},\quad \epsilon_z = -\nu\frac{\sigma_x}{E} \tag{1.13}$$

式（1.12）和式（1.13）也可用于简单的压缩情况。压缩情况下材料的弹性模量 E 、泊松比 ν 与拉伸情况下相同。上述单元体同时受到均匀分布的法向应力作用，总应变分量可以从方程（1.12）和（1.13）得到。

如果我们将三个应力中的每一个应力产生的应变分量叠加，可得到

$$\begin{cases} \epsilon_x = \dfrac{1}{E}[\sigma_x - \nu(\sigma_y + \sigma_z)] \\ \epsilon_y = \dfrac{1}{E}[\sigma_y - \nu(\sigma_x + \sigma_z)] \\ \epsilon_z = \dfrac{1}{E}[\sigma_z - V(\sigma_x + \sigma_y)] \end{cases} \tag{1.14}$$

该公式与许多实验测量保持一致。我们将采用这种叠加方法来计算由多个力产生的总变形和应力。

只要变形较小，且相应的小位移不会实质性地影响外力的作用，这就是合理的。在这种情况下，我们忽略了变形体尺寸的微小变化以及外力作用点的微小位移，并将计算基于物体的初始尺寸和初始形状。通过叠加法，可以得到由外力引起的总体位移，其形式是外力的线性函数，就像推导方程（1.14）一样。然而，在特殊情况下，小变形虽不能忽视，但必须加以考虑。比如，轴向力和侧向力同时作用在薄杆上，当轴向力单独作用时，可能产生压缩或者拉伸，但如果轴向力与侧向力同时作用，那么可能对杆的弯曲产生实质性影响。在计算这种条件下的杆变形时，即使挠度非常小，也必须考虑挠度对外部力的影响。此时，总挠度就不再是力的线性函数，不能通过简单的叠加得到。

现在考虑应力的分量，如图 1.5 所示，对于立方体的每个面，需要用一组分量来表示。应力向量可以表示为应力法向分量和另外两个剪切应力分量，分别用符号表示。描述作用在单元体六个面上的应力，用 σ_x ，σ_y ，σ_z 表示法向应力，用 τ_{xy} ，τ_{yx} ，τ_{yz} 表示剪切应力。

通过简单地考虑单元体的平衡，剪切应力分量可以简化为 3 个。例如，我们取一个力作用在单元体上，该力穿过中点 c 并平行于 x 轴，只需要考虑图 1.6 所示的面应力。

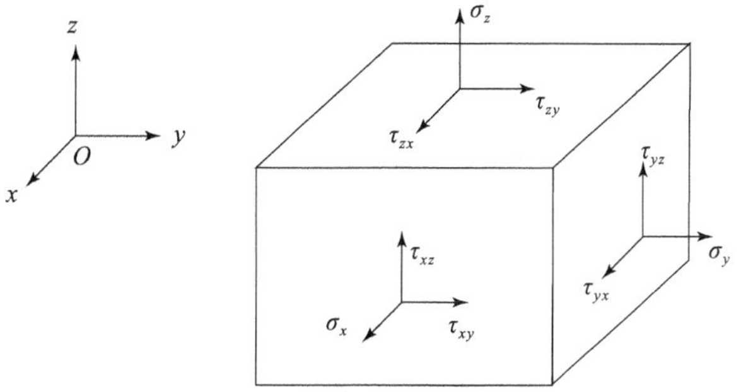

图 1.5　作用在无限小单元体的应力

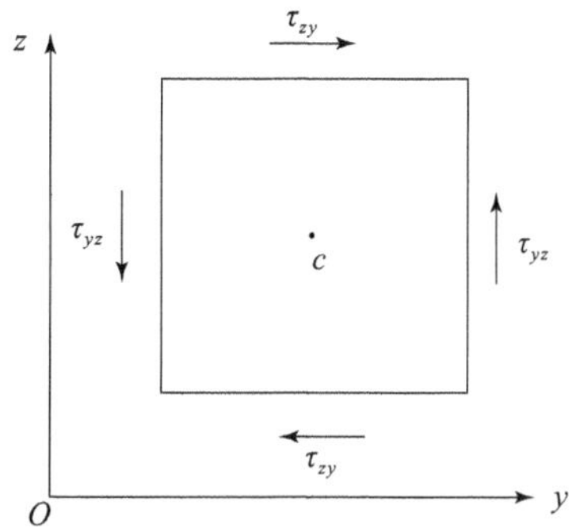

图 1.6　作用在无限小二维单元体的剪切应力

在这种情况下，可以忽略体力，如单元体的重量，因为在减小单元体尺寸时，作用在其上的体力会随着单元体积减小而减小，而面力会随着面积减小而减小。因此，对于非常小的单元体，体力是比面力高阶的无穷小量，在计算时可以省略。同样，由于法向力分布的不均匀性而产生的力矩是比剪切力引起的力矩高阶的量，并在取极限时为 0。

此外，某一侧的力可以等同于该侧面积乘以对应应力。用 dxdydz 表示图 1.6 中的单元体的尺寸，该单元体的平衡方程取关于 c 的力矩，可以表示为

$$\tau_{zy}\mathrm{d}x\mathrm{d}y\mathrm{d}z = \tau_{yz}\mathrm{d}x\mathrm{d}y\mathrm{d}z \tag{1.15}$$

同理，可求得

$$\tau_{xy} = \tau_{yx},\quad \tau_{zx} = \tau_{xz},\quad \tau_{zy} = \tau_{yz} \tag{1.16}$$

因此，对于单元体的两个垂直边，垂直于这些边交线的剪切应力分量是相等的。这六个量 σ_x、σ_y、σ_z、τ_{xy}、τ_{yz} 和 τ_{zx} 足以在笛卡儿坐标平面下描述单元体应力作用，这些应力分量统称为该点处的应力向量的分量。

在讨论弹性体的变形时，假设存在足够的约束来防止物体作刚体移动，因此如果单元体不发生变形，就不会产生单元体的位移。在这里仅考虑工程结构中常见的小变形。

在变形体中，质点的小位移将首先分解为分别平行于坐标轴 x，y，z 的分量 $\boldsymbol{u}$，$\boldsymbol{v}$，$\boldsymbol{w}$。假设这些分量是非常小的量，并且在物体的体积内随位置连续变化。为了分析这种连续变化，考虑弹性体中的一个微小单元体 dxdydz，如图 1.7 所示，该单元体用于描述位移及其变化规律。

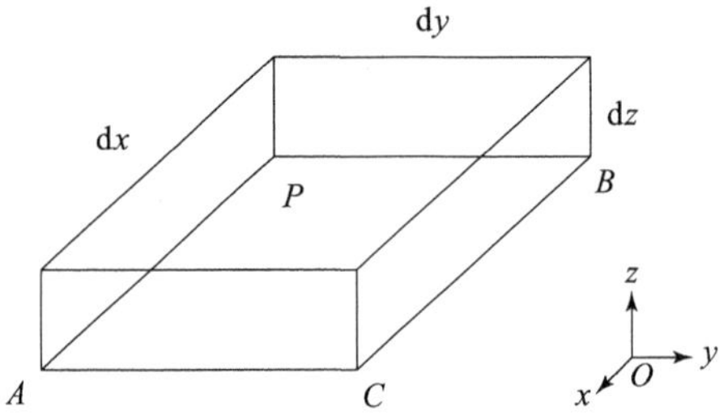

图 1.7　无限小的单元体

如果单元体发生变形，u，v，w 是点 P 位移的分量，x 轴上相邻点 A 沿着 x 方向上的位移可以表示为 x 方向上的一阶微分，即

$$u+\frac{\partial u}{\partial x}\mathrm{d}x$$

由于函数 u 随坐标 x 的增加而增加一个微分量 $\frac{\partial u}{\partial x}\mathrm{d}x$，因此，由变形导致的 PA 段的长度增加为 $\frac{\partial u}{\partial x}\mathrm{d}x$。因此，在 x 方向上点 P 处的单位伸长率为 $\frac{\partial u}{\partial x}$。同样，$y$ 和 z 方向上的单位伸长率由导数 $\frac{\partial v}{\partial y}$ 和 $\frac{\partial w}{\partial z}$ 给出。

现在，考虑图 1.8 中 PA 段和 PB 段之间角度的变形。如果 u 和 v 是点 P 在 x 和 y 方向上的位移，点 A 在 y 方向上的位移及点 B 在 x 方向上的位移分别表示为 $v+\frac{\partial v}{\partial x}\mathrm{d}x$ 和 $u+\frac{\partial u}{\partial y}\mathrm{d}y$，由于这些位移，$PA$ 段位移后为 $P'A'$段，形成图中指示的小角度向初始方向倾斜，等于 $\frac{\partial v}{\partial x}$。同样，$P'B'$段位移后以小角度向 PB 倾斜 $\frac{\partial u}{\partial y}$。由此可以看出，$PA$ 段和 PB 段之间的初始直角 $\angle APB$ 减小了角度 $\frac{\partial v}{\partial x}+\frac{\partial u}{\partial y}$。这是平面 xz 和 yz 之间的剪切应变。平面 xy 和 xz 以及平面 yx 和 yz 之间的剪切应变可以用相同的方式获得。

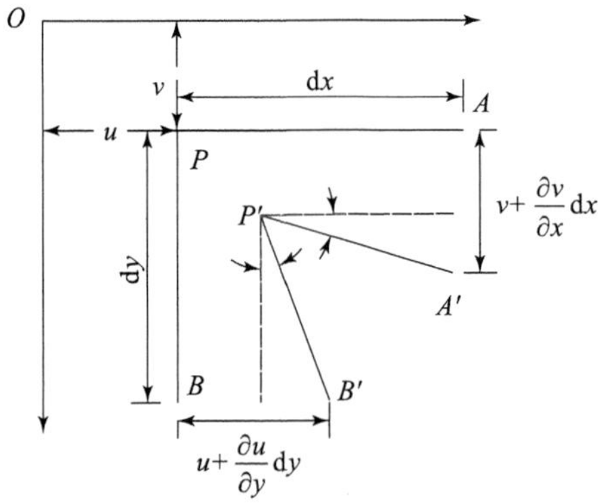

图 1.8　无限小单元体的位移

我们用 ϵ 表示单位伸长率，γ 表示单位剪切应变，从上面的讨论中有

$$\begin{cases}\epsilon_x=\dfrac{\partial u}{\partial x},\quad \epsilon_y=\dfrac{\partial v}{\partial y},\quad \epsilon_z=\dfrac{\partial w}{\partial z}\\ \gamma_{xy}=\dfrac{\partial u}{\partial y}+\dfrac{\partial v}{\partial x},\quad \gamma_{xz}=\dfrac{\partial u}{\partial z}+\dfrac{\partial w}{\partial x},\quad \gamma_{yz}=\dfrac{\partial v}{\partial z}+\dfrac{\partial w}{\partial y}\end{cases} \tag{1.17}$$

如果剪切应力分量作用在单元体所有侧面上，如图 1.6 所示，则任何两个相交面之间的角度变化方向仅取决于相应的剪切应力分量，因此

$$\gamma_{xy}=\frac{\tau_{xy}}{G},\quad \gamma_{yz}=\frac{\tau_{yz}}{G},\quad \gamma_{xz}=\frac{\tau_{xz}}{G} \tag{1.18}$$

轴向应变（1.14）和剪切应变（1.18）是相互独立的。通过叠加，可以得到由应力的三个法向分量和三个剪切分量产生的总体应变。方程（1.14）和（1.18）给出了应变分量与应力分量的函数关系。有时应力分量需要表示为应变分量的函数，可以按如下方式获得。

将式（1.14）代入式（1.17），结合

$$\begin{cases}e=\epsilon_x+\epsilon_y+\epsilon_z\\ \varDelta=\sigma_x+\sigma_y+\sigma_z\end{cases} \tag{1.19}$$

我们得到体积应变 e 与三个法向应力的综合关系为

$$e=\frac{1-2\nu}{E}\varDelta \tag{1.20}$$

在均匀静水压力 p 的情况下，我们有 $\sigma_x=\sigma_y=\sigma_z=-p$，由式（1.20）可得

$$e=-\frac{3(1-2\nu)}{E}p$$

表示单位体积膨胀 e 与静水压力 p 之间的关系。$\dfrac{E}{3(1-2\nu)}$ 称为体积模量。

使用式（1.19）并求解方程（1.14）中的 σ_x、σ_y、σ_z，我们得到

$$\begin{cases}\sigma_x=\dfrac{\nu E}{(1+\nu)(1-2\nu)}e+\dfrac{E}{1+\nu}\epsilon_x\\ \sigma_y=\dfrac{\nu E}{(1+\nu)(1-2\nu)}e+\dfrac{E}{1+\nu}\epsilon_y\\ \sigma_z=\dfrac{\nu E}{(1+\nu)(1-2\nu)}e+\dfrac{E}{1+\nu}\epsilon_z\end{cases} \tag{1.21}$$

或利用

$$\lambda=\frac{\nu E}{(1+\nu)(1-2\nu)}=\text{拉梅常数} \tag{1.22}$$

和式（1.11），得到

$$\begin{cases}\sigma_x=\lambda e+2G\epsilon_x\\ \sigma_y=\lambda e+2G\epsilon_y\\ \sigma_z=\lambda e+2G\epsilon_z\end{cases} \tag{1.23}$$

1.5　静力平衡方程与相容性

1.5.1　三维静力平衡方程

在前面讨论介质中应力场时，我们考虑了整个单元体应力场是均匀分布的情况。然而，应力通常随点位置而变化。因此，均匀应力状态是众多普遍问题中的一个特殊情况。图 1.9 展示了尺寸为 dx、dy 和 dz 的无限小单元弹性体，呈现出该单元体上的法向应力和剪切应力，同时还表示了这些应力沿坐标轴的变化情况。例如，在穿过原点的 yz 平面上，作用应力 σ_x，τ_{xy}，τ_{zx}，而在距离原点 dx 的平行平面上，将作用类似的应力分布，即

$$\frac{\partial \sigma_x}{\partial x}\mathrm{d}x,\quad \frac{\partial \tau_{xy}}{\partial x}\mathrm{d}x,\quad \frac{\partial \tau_x}{\partial x}\mathrm{d}x$$

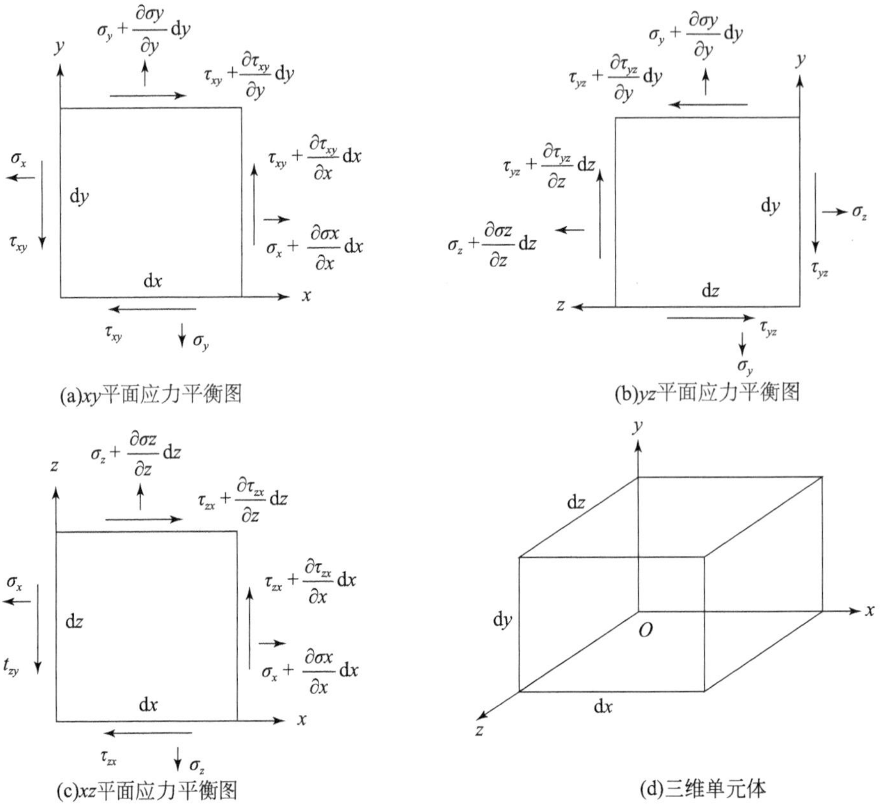

图 1.9　作用在无限小单元体的应力

另外，除了图 1.9 所示的应力外，我们还必须考虑体力，如单元体的重力或惯性力。体力的三个分量分别由 ρF_x、ρF_y 和 ρF_z 表示，ρ 表示介质的密度，F_x，F_y，F_z 分别表示作用于 x，y，z 三个坐标轴的方向。这些体力由单位体积的力的大小来表示。由于整个物体必须处于平衡状态，那么所考虑的单元体在其各面上应力作用下也必须处于平衡状态。对于 x，y，z 方向的力平衡方程，可写为

$$\rho F_x \mathrm{d}x\mathrm{d}y\mathrm{d}z + \left(\sigma_x + \frac{\partial \sigma_x}{\partial x}\mathrm{d}x\right)\mathrm{d}y\mathrm{d}z - \sigma_x \mathrm{d}y\mathrm{d}z + \left(\tau_{xy} + \frac{\partial \tau_{xy}}{\partial y}\mathrm{d}y\right)\mathrm{d}x\mathrm{d}z$$

$$-\tau_{xy}\mathrm{d}x\mathrm{d}z + \left(\tau_{zx} + \frac{\partial \tau_{zx}}{\partial z}dz\right)\mathrm{d}x\mathrm{d}y - \tau_{zx}\mathrm{d}x\mathrm{d}y = 0$$

$$\rho F_y \mathrm{d}x\mathrm{d}y\mathrm{d}z + \left(\sigma_y + \frac{\partial \sigma_y}{\partial y}\mathrm{d}y\right)\mathrm{d}x\mathrm{d}z - \sigma_y \mathrm{d}x\mathrm{d}z + \left(\tau_{yz} + \frac{\partial \tau_{yz}}{\partial z}\mathrm{d}z\right)\mathrm{d}x\mathrm{d}y$$

$$-\tau_{yz}\mathrm{d}x\mathrm{d}y + \left(\tau_{xy} + \frac{\partial \tau_{xy}}{\partial x}\mathrm{d}z\right)\mathrm{d}y\mathrm{d}z - \tau_{xy}\mathrm{d}y\mathrm{d}z = 0$$

$$\rho F_z \mathrm{d}x\mathrm{d}y\mathrm{d}z + \left(\sigma_z + \frac{\partial \sigma_z}{\partial z}\mathrm{d}z\right)\mathrm{d}x\mathrm{d}y - \sigma_z \mathrm{d}x\mathrm{d}y + \left(\tau_{xz} + \frac{\partial \tau_{xz}}{\partial x}\mathrm{d}x\right)\mathrm{d}y\mathrm{d}z$$

$$-\tau_{zx}\mathrm{d}y\mathrm{d}z + \left(\tau_{yz} + \frac{\partial \tau_{yz}}{\partial y}\right)\mathrm{d}x\mathrm{d}z - \tau_{yz}\mathrm{d}x\mathrm{d}z = 0$$

通过组合和分解常见的体积项 dxdydz，这些方程可简化为

$$\begin{cases} \rho F_x + \dfrac{\partial \sigma_x}{\partial x} + \dfrac{\partial \tau_{xy}}{\partial y} + \dfrac{\partial \tau_{xz}}{\partial z} = 0 \\ \rho F_y + \dfrac{\partial \tau_{xy}}{\partial x} + \dfrac{\partial \sigma_y}{\partial y} + \dfrac{\partial \tau_{yz}}{\partial z} = 0 \\ \rho F_z + \dfrac{\partial \tau_{zx}}{\partial x} + \dfrac{\partial \tau_{yz}}{\partial y} + \dfrac{\partial \sigma_z}{\partial z} = 0 \end{cases} \tag{1.24}$$

这三个方程称为三维非均匀应力状态下的静力平衡方程。

1.5.2　二维静力平衡方程

对于二维情况，如果体力起作用，则平衡方程变为

$$\begin{cases} \rho F_x + \dfrac{\partial \sigma_x}{\partial x} + \dfrac{\partial \tau_{xy}}{\partial y} = 0 \\ \rho F_y + \dfrac{\partial \tau_{xy}}{\partial x} + \dfrac{\partial \sigma_y}{\partial y} = 0 \end{cases} \tag{1.25}$$

1.5.3　边界条件

为了充分定义受力物体中的应力场，必须满足平衡方程（1.24）。可以看出，用三个方程来确定六个未知数。为了解决这个问题，有必要利用先前建立的应变方程（1.17），即

$$\begin{cases} \epsilon_x = \dfrac{\partial u}{\partial x},\ \ \epsilon_y = \dfrac{\partial v}{\partial y},\ \ \epsilon_z = \dfrac{\partial w}{\partial z} \\ \gamma_{xy} = \dfrac{\partial u}{\partial y} + \dfrac{\partial v}{\partial x},\ \ \gamma_{xz} = \dfrac{\partial u}{\partial z} + \dfrac{\partial w}{\partial x},\ \ \gamma_{zy} = \dfrac{\partial v}{\partial z} + \dfrac{\partial w}{\partial y} \end{cases} \tag{1.26}$$

从数学角度而言，有六个方程，需要求三个未知数 u 、v 、w 。一般情况下方程（1.26）不会有单值解，如果应变函数 ϵ_x ，ϵ_y ，ϵ_z ，γ_{xy} ，γ_{xz} ，γ_{zy} 被任意分配，只有当应变函数满足某些

特定条件时，解才有可能存在。这些条件称为兼容性条件（也称为边界条件，又称谐和条件）。

例如，假设已知两个偏微分方程组

$$\frac{\partial u}{\partial x}=x+3y,\quad \frac{\partial u}{\partial y}=x^2 \tag{1.27}$$

用于求解一个未知函数 $u(x,y)$。我们知道这些方程是无解的，因为有太多相互矛盾的方程。如果我们从方程（1.27）中的两个方程计算二阶导数 $\frac{\partial^2 u}{\partial x\partial y}$，就可以消除这种不一致。

第一个方程的二阶导数为 3，第二个方程的二阶导数为 $2x$，它们是不相等的。因此，当给出偏微分方程时，就会出现可积性的问题。微分方程可表示为

$$\frac{\partial u}{\partial x}=f(x,y),\quad \frac{\partial u}{\partial y}=g(x,y) \tag{1.28}$$

除非有条件，否则无法开展积分运算。

若满足如下条件：

$$\frac{\partial f}{\partial y}=\frac{\partial g}{\partial x} \tag{1.29}$$

则方程（1.29）称为可积性条件或相容性方程。

从物理上讲，由于应变分量仅确定物体中点的相对位置，并且由于任何刚体运动处于零应变状态，因此，当物体处于刚体运动状态时，我们期望求解出位移量 u，v，w。

如果应变是在特定状态下，比如遇到类似于图 1.10 所示的情况，这里给出了一个连续的三角形(物体中材料的一部分)。如果我们依照从 A 点开始的任意指定的应变场使其变形，可能会在点 C 和 D 处结束，它们之间存在间隙或材料重叠。为了使单值连续解情况（直至刚体运动）存在，点 C 和 D 末端在应变系统中必须完美地相遇。

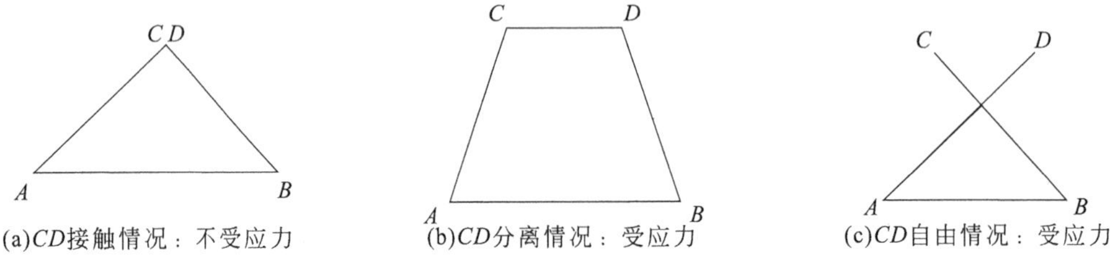

图 1.10 特定状态下的应变示意图

除非沿三角形边缘的应变场符合相容条件，否则无法保证这一点。因此，由等式(1.26)可得

$$\frac{\partial^2\epsilon_x}{\partial y^2}=\frac{\partial^3 u}{\partial x\partial y^2},\quad \frac{\partial^2\epsilon_y}{\partial x^2}=\frac{\partial^3 v}{\partial x^2\partial y},\quad \frac{\partial^2\gamma_{xy}}{\partial x\partial y}=\frac{\partial^3 u}{\partial x\partial y^2}+\frac{\partial^3 v}{\partial x^2\partial y}$$

其中，

$$\frac{\partial^2\epsilon_x}{\partial y^2}+\frac{\partial^2\epsilon_y}{\partial x^2}=\frac{\partial^2\gamma_{xy}}{\partial x\partial y} \tag{1.30}$$

通过 x、y、z 的循环交换，可以获得另外两个相同类型的关系。

由衍生式

$$\frac{\partial^2 \epsilon_x}{\partial y \partial z} = \frac{\partial^3 u}{\partial x \partial y \partial z}, \quad \frac{\partial \gamma_{yz}}{\partial x} = \frac{\partial^2 v}{\partial x \partial z} + \frac{\partial^2 w}{\partial x \partial y}$$

$$\frac{\partial \gamma_{xz}}{\partial y} = \frac{\partial^2 u}{\partial y \partial z} + \frac{\partial^2 v}{\partial x \partial y}, \quad \frac{\partial \gamma_{xy}}{\partial z} = \frac{\partial^2 u}{\partial y \partial z} + \frac{\partial^2 v}{\partial x \partial z}$$

我们发现

$$2\frac{\partial^2 \epsilon_x}{\partial y \partial z} = \frac{\partial}{\partial x}\left(-\frac{\partial \gamma_{yz}}{\partial x} + \frac{\partial \gamma_{xz}}{\partial y} + \frac{\partial \gamma_{xy}}{\partial z}\right) \tag{1.31}$$

同理，可得出

$$2\frac{\partial^2 \epsilon_y}{\partial x \partial z} = \frac{\partial}{\partial y}\left(\frac{\partial \gamma_{yz}}{\partial x} - \frac{\partial \gamma_{xz}}{\partial y} + \frac{\partial \gamma_{xy}}{\partial z}\right)$$

$$2\frac{\partial^2 \epsilon_z}{\partial x \partial y} = \frac{\partial}{\partial z}\left(\frac{\partial \gamma_{yz}}{\partial x} + \frac{\partial \gamma_{xz}}{\partial y} - \frac{\partial \gamma_{xy}}{\partial z}\right)$$

因此，我们得出应变分量之间的以下六个微分关系式，且必须通过方程（1.26）来满足：

$$\begin{aligned}
&\frac{\partial^2 \epsilon_x}{\partial y^2} + \frac{\partial^2 \epsilon_y}{\partial x^2} = \frac{\partial^2 \gamma_{xy}}{\partial x \partial y}, \quad 2\frac{\partial^2 \epsilon_x}{\partial y \partial z} = \frac{\partial}{\partial x}\left(-\frac{\partial \gamma_{yz}}{\partial x} + \frac{\partial \gamma_{xz}}{\partial y} + \frac{\partial \gamma_{xy}}{\partial z}\right) \\
&\frac{\partial^2 \epsilon_y}{\partial z^2} + \frac{\partial^2 \epsilon_z}{\partial y^2} = \frac{\partial^2 \gamma_{yz}}{\partial y \partial z}, \quad 2\frac{\partial^2 \epsilon_y}{\partial x \partial z} = \frac{\partial}{\partial y}\left(\frac{\partial \gamma_{yz}}{\partial x} - \frac{\partial \gamma_{xz}}{\partial y} + \frac{\partial \gamma_{xy}}{\partial z}\right) \\
&\frac{\partial^2 \epsilon_z}{\partial x^2} + \frac{\partial^2 \epsilon_z}{\partial y^2} = \frac{\partial^2 \gamma_{yz}}{\partial x \partial z}, \quad 2\frac{\partial^2 \epsilon_z}{\partial x \partial y} = \frac{\partial}{\partial z}\left(\frac{\partial \gamma_{yz}}{\partial x} + \frac{\partial \gamma_{xz}}{\partial y} - \frac{\partial \gamma_{xy}}{\partial z}\right)
\end{aligned} \tag{1.32}$$

这些微分关系式称为相容性条件。

通过使用胡克定律方程（1.14），条件（1.32）可以转化为应力分量之间的关系。比如，

$$\frac{\partial^2 \epsilon_y}{\partial z^2} + \frac{\partial^2 \epsilon_z}{\partial y^2} = \frac{\partial^2 \gamma_{yz}}{\partial y \partial z} \tag{1.33}$$

基于式（1.14）和式（1.11），得到（1.19）中的ϵ_y、ϵ_z和γ_{yz}分别为

$$\epsilon_y = \frac{1}{E}[(1+\nu)\sigma_y - \nu \varDelta]$$

$$\epsilon_z = \frac{1}{E}[(1+\nu)\sigma_z - \nu \varDelta]$$

$$\gamma_{yz} = \frac{2(1+\nu)\tau_{yz}}{E}$$

将这些表达式代入式（1.33）中，可得到

$$(1+\nu)\left(\frac{\partial^2 \sigma_y}{\partial z^2} + \frac{\partial^2 \sigma_z}{\partial y^2}\right) - \nu\left(\frac{\partial^2 \varDelta}{\partial z^2} + \frac{\partial^2 \varDelta}{\partial y^2}\right) = 2(1+\nu)\frac{\partial^2 \tau_{yz}}{\partial y \partial z} \tag{1.34}$$

这个方程的右侧可以借助平衡方程（1.24）进行变换，从而获得①

① 为了方便，现在用 X、Y、Z 表示ρF_x、ρF_y和ρF_z。

$$\frac{\partial \tau_{yz}}{\partial y}=-\frac{\partial \sigma_z}{\partial z}-\frac{\partial \tau_{xz}}{\partial x}-Z$$

$$\frac{\partial \tau_{yz}}{\partial z}=-\frac{\partial \sigma_y}{\partial y}-\frac{\partial \tau_{xy}}{\partial x}-Y$$

对上面方程中的第一个方程关于 z 进行微分，对第二个方程关于 y 进行微分，然后将它们相加，我们发现

$$2\frac{\partial^2 \tau_{yz}}{\partial y\partial z}=-\frac{\partial^2 \sigma_z}{\partial z^2}-\frac{\partial^2 \sigma_y}{\partial y^2}-\frac{\partial}{\partial x}\left(\frac{\partial \tau_{xz}}{\partial z}+\frac{\partial \tau_{xy}}{\partial y}\right)-\frac{\partial Z}{\partial z}-\frac{\partial Y}{\partial y}$$

或者，由方程（1.24）中的第一式，可得

$$2\frac{\partial^2 \tau_{yz}}{\partial y\partial z}=-\frac{\partial^2 \sigma_x}{\partial x^2}-\frac{\partial^2 \sigma_y}{\partial y^2}-\frac{\partial^2 \sigma_z}{\partial z^2}+\frac{\partial X}{\partial x}-\frac{\partial Y}{\partial y}-\frac{\partial Z}{\partial z}$$

将其代入式（1.34）并化简为

$$\nabla^2=\frac{\partial^2}{\partial x^2}+\frac{\partial^2}{\partial y^2}+\frac{\partial^2}{\partial z^2}$$

可得

$$(1+\nu)\left(\nabla^2 \varDelta-\nabla^2\sigma_x-\frac{\partial^2 \varDelta}{\partial x^2}\right)-\nu\left(\nabla^2 \varDelta-\frac{\partial^2 \varDelta}{\partial x^2}\right)=(1+\nu)\left(\frac{\partial X}{\partial x}-\frac{\partial Y}{\partial y}-\frac{\partial Z}{\partial z}\right) \tag{1.35}$$

从式（1.33）的另外两个相容条件可以得到两个类似的方程。

将式（1.35）中的三个方程相加，可得

$$(1-\nu)\nabla^2 \varDelta=-(1+\nu)\left(\frac{\partial X}{\partial x}+\frac{\partial Y}{\partial y}+\frac{\partial Z}{\partial z}\right) \tag{1.36}$$

若式（1.35）中的 $\nabla^2 \varDelta$ 用这个表达式代替，则有

$$\nabla^2\sigma_x+\frac{1}{1+\nu}\frac{\partial^2 \varDelta}{\partial x^2}=\frac{-\nu}{1-\nu}\left(\frac{\partial X}{\partial x}+\frac{\partial Y}{\partial y}+\frac{\partial Z}{\partial z}\right)-2\frac{\partial Z}{\partial x} \tag{1.37}$$

因此，可以得到三个这样的方程，对应于方程（1.32）的前三个。

以同样的方式，条件（1.32）可以转换为如下类型的方程：

$$\nabla^2\tau_{yz}+\frac{1}{1+\nu}\frac{\partial^2 \varDelta}{\partial y\partial z}=-\left(\frac{\partial z}{\partial y}+\frac{\partial y}{\partial z}\right) \tag{1.38}$$

如果这里没有体力，或者体力是常数，则式（1.37）和式（1.38）变为

$$\begin{cases}(1+\nu)\nabla^2\sigma_x+\dfrac{\partial^2 \varDelta}{\partial x^2}=0, & (1+\nu)\nabla^2\tau_{yz}+\dfrac{\partial^2 \varDelta}{\partial y\partial z}=0\\ (1+\nu)\nabla^2\sigma_y+\dfrac{\partial^2 \varDelta}{\partial y^2}=0, & (1+\nu)\nabla^2\tau_{xz}+\dfrac{\partial^2 \varDelta}{\partial x\partial z}=0\\ (1+\nu)\nabla^2\sigma_z+\dfrac{\partial^2 \varDelta}{\partial z^2}=0, & (1+\nu)\nabla^2\tau_{xy}+\dfrac{\partial^2 \varDelta}{\partial x\partial y}=0\end{cases} \tag{1.39}$$

我们看到，除了平衡方程（1.24）和边界条件之外，各向同性体中的应力分量必须满足相容性［式（1.37）和式（1.38）］或六个条件［式（1.39）］。通常由方程组可以求解出应力

分量。

1.6　位移和边界条件的确定

解决弹性问题的一种方法是，利用胡克定律从平衡方程和边界条件中消除应力分量，然后使用应变-位移关系将应变分量表示为位移的函数，即方程（1.17）。

通过这种方式，我们得到了三个只包含未知数 u、v 和 w 的平衡方程。将表达式（1.23）代入方程组（1.24）的第一个方程中，可得

$$\sigma_x = \lambda \mathrm{e} + 2G\frac{\partial u}{\partial x} \tag{1.40}$$

由式（1.18），可得

$$\begin{cases} \tau_{xy} = G\gamma_{xy} = G\left(\dfrac{\partial u}{\partial y} + \dfrac{\partial v}{\partial x}\right) \\ \tau_{xz} = G\gamma_{xz} = G\left(\dfrac{\partial w}{\partial x} + \dfrac{\partial u}{\partial z}\right) \end{cases} \tag{1.41}$$

我们发现，$(\lambda + G)\dfrac{\partial e}{\partial x} + G\left(\dfrac{\partial^2 u}{\partial x^2} + \dfrac{\partial^2 u}{\partial y^2} + \dfrac{\partial^2 u}{\partial z^2}\right) + X = 0$ 。

另外两个方程可以用相同的方式变换，然后使用符号 ∇^2，平衡方程（1.24）变为

$$\begin{cases} (\lambda + G)\dfrac{\partial \mathrm{e}}{\partial x} + G\nabla^2 u + X = 0 \\ (\lambda + G)\dfrac{\partial \mathrm{e}}{\partial y} + G\nabla^2 v + Y = 0 \\ (\lambda + G)\dfrac{\partial e}{\partial z} + G\nabla^2 w + Z = 0 \end{cases} \tag{1.42}$$

而且，当没有体力时，

$$\begin{cases} (\lambda + G)\dfrac{\partial \mathrm{e}}{\partial x} + G\nabla^2 u = 0 \\ (\lambda + G)\dfrac{\partial \mathrm{e}}{\partial y} + G\nabla^2 v = 0 \\ (\lambda + G)\dfrac{\partial e}{\partial z} + G\nabla^2 w = 0 \end{cases} \tag{1.43}$$

对这些方程进行微分，第一个方程关于 x，第二个方程关于 y，第三个方程关于 z，并将它们加在一起，可得 $(\lambda + 2G)\nabla^2 e = 0$，即体积膨胀 e 满足微分方程：

$$(\lambda + 2G)\nabla^2 e = 0 \tag{1.44}$$

当体积内的体力恒定时，同样的结论也成立。方程（1.42）和边界条件将完全定义三个位移函数 u，v，w。从方程（1.17）获得应变分量，从方程（1.21）和方程（1.18）获得应力分量。这些方程统称为弹性场方程。力学中的问题通常以这种方式出现：我们对固体或流体表面的力、速度或位移有所了解，并探究材料内部发生了什么。例如，风吹在地基

牢固的建筑物上，柱和梁中作用的应力是什么？他们安全吗？为了解决这些问题，我们将关于外部世界的已知事实，以边界条件的形式表达，然后使用微分方程（场方程）将这些信息扩展到物体的内部。如果找到满足所有场方程和边界条件的解，则获得整个物体相互作用的完整信息。

在物体表面或两个物体之间的界面处，作用在表面上的牵引力（每单位面积的力）在表面的两侧必须相同。这确实是压力的基本概念，它定义了材料中一部分与另一部分的相互作用。考虑一个由硬质材料与软质材料连接而成的立方体，如图 1.11 所示，软硬材料被压缩在两个平面墙之间，软质材料和硬质材料都将受到应力作用。在接口 AB 上的点 P 的情况可以通过图中所示的一系列图来说明。

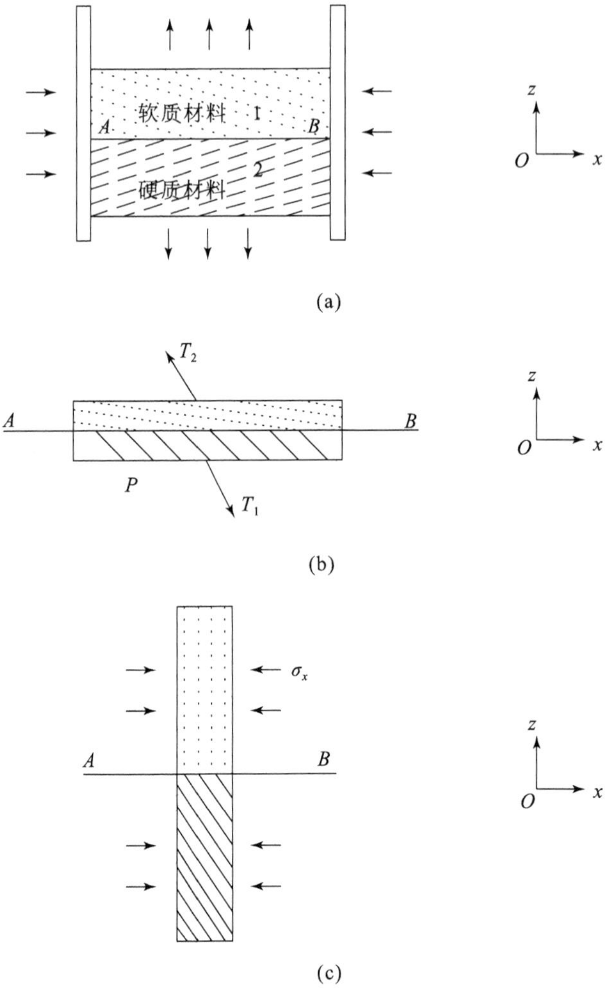

图 1.11　应力边界条件

对于硬质材料，在接口的正极处的点 P 上存在表面牵引力 T_1。同样，对于软质材料，必须存在相应的牵引力 T_2。无穷小的薄板平衡，如图 1.11（b）所示，则有

$$T_1 = T_2 \tag{1.45}$$

这代表前面提到的界面两侧受到同等牵引作用。更明确地说，将界面视为 xy 平面，其中 z 轴垂直于 xy 平面。向量方程（1.45）意味着有以下三个方程：

$$\sigma_z^1 = \sigma_z^2,\quad \tau_{xz}^1 = \tau_{xz}^2,\quad \tau_{yz}^1 = \tau_{yz}^2 \tag{1.46}$$

这是介质 1 和 2 中应力在其界面处的边界条件。请注意，条件（1.46）未提供有关应力分量 $\sigma_x, \sigma_y, \tau_{xy}$ 的条件。这些分量不需要在边界上连续。

实际上，如果材料 1 和 2 的弹性模量不相等并且压缩应变均匀，则它们通常是

$$\sigma_x^1 \neq \sigma_x^2,\quad \sigma_y^1 \neq \sigma_y^2,\quad \tau_{xy}^1 \neq \tau_{xy}^2 \tag{1.47}$$

这些不连续性与任何平衡条件都不冲突，可以在图 1.11（c）中看到。

上述情况的一个特例是介质 2 非常柔软，其应力与介质 1 相比完全可以忽略不计（例如，空气与钢）。在这种情况下，表面被视为自由的，边界条件为

$$\sigma_z = 0,\quad \tau_{xz} = 0,\quad \tau_{yz} = 0 \tag{1.48}$$

另外，如果介质 2 中的牵引已知，那么它可以被视为作用在介质 1 上的“外部”负载。因此，实体上的应力边界条件通常采用以下形式：

$$\sigma_z = p_1,\quad \tau_{xz} = p_2,\quad \tau_{yz} = p_3 \tag{1.49}$$

其中，p_1、p_2、p_3 是关于位置和时间的特定函数。

尽管每个表面都是两个空间之间的界面，但通常的做法是将注意力集中在其中一侧，并将另一侧称为“外部”。例如，结构工程师将建筑物上的风荷载称为施加在结构上的“外部”荷载；相反，对于空气动力学家来说，建筑物只是空气流动的刚性边界。

同一界面向两种介质提供两种不同类型的边界条件，是由于结构的微小弹性变形对于计算作用在结构上的空气动力压力的空气动力学家来说并不重要，而对于确定建筑物安全性的结构分析师来说则至关重要。因此，对于空气动力学家来说，建筑物是刚性的，而对于结构分析师来说则不是。换句话说，这两种边界条件都是近似值。

1.7　连续体运动的材料和空间描述

选择固定的参考系 $O\text{-}x_1x_2x_3$。当时间 $t=t_0$ 时，假设材料质点的位置为 $x_1=a_1$，$x_2=a_2$，$x_3=a_3$。我们将使用 (a_1, a_2, a_3) 作为该质点的标签。随着时间的推移，质点移动，其位置具有历史记录：

$$x_1 = x_1(x_1, x_2, x_3), t),\quad x_i = (a_1, a_2, a_3, t),\quad x_3 = x_3(a_1, a_2, a_3, t)$$

简而言之，参考相同的坐标系

$$x_i = x_i(a_1, a_2, a_3, t),\quad i = 1, 2, 3 \tag{1.50}$$

如果这样的方程适用于物体中的每一个质点，我们就知道了整个物体的运动历史。

在数学上，方程（1.50）定义了将域 $D(a_1, a_2, a_3)$ 映射到域 $D'(x_1, x_2, x_3)$ 的变换，其中 t 是参数。

图 1.12 是笛卡儿坐标系下点的映射示意图。如果映射是连续的和一对一的，即对于每个点 (a_1, a_2, a_3) 都有一个且只有一个点 (x_1, x_2, x_3)，反之亦然，并且 $D(a_1, a_2, a_3)$ 中的相邻点映射到

$D'(x_1,x_2,x_3)$ 中的相邻点，则函数 $x_i=(a_1,a_2,a_3,t)$ 必须是单值、连续且可微的，雅可比量不能在域 D 中消失。

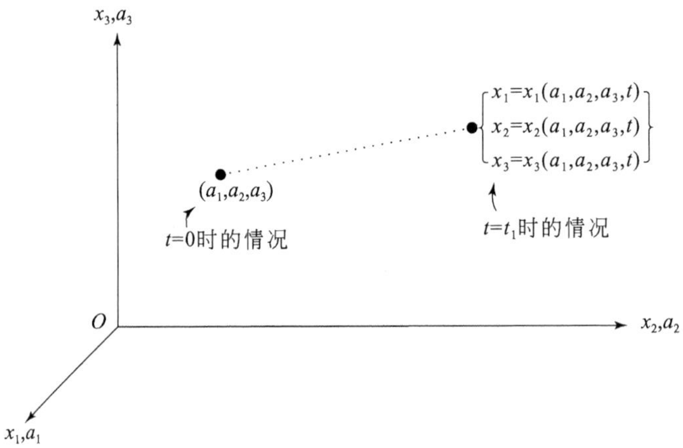

图 1.12　笛卡儿坐标系下点的映射示意图

映射式（1.50）称为对物体运动的材料描述。材料中质点 (a_1,a_2,a_3) 的速度和加速度分别为

$$v_i(a_1,a_2,a_3,t)=\left.\frac{\partial x_i}{\partial t}\right|_{(a_1,a_2,a_3)} \tag{1.51}$$

$$\alpha_i(a_1,a_2,a_3,t)=\left.\frac{\partial v_i}{\partial t}\right|_{(a_1,a_2,a_3)}=\left.\frac{\partial^2 x_i}{\partial t^2}\right|_{(a_1,a_2,a_3)} \tag{1.52}$$

设 $\rho(\overline{x})$ 为位置 $\overline{x}$ 处材料的密度，其中 $\overline{x}$ 代表 (x_1,x_2,x_3)。设 $\rho_0(\overline{a})$ 为 t=0 时点 (a_1,a_2,a_3) 处的密度，那么封闭在一个体积中的物质的质量在 t=0 时为 $\int_D \rho_0(\overline{a})\mathrm{d}a_1\mathrm{d}a_2\mathrm{d}a_3$，并且在 t 时刻为 $\int_{D'}\rho(\overline{x})\mathrm{d}x_1\mathrm{d}x_2\mathrm{d}x_3$，因此，根据质量守恒，可以表示为

$$\int_{D'}\rho(\overline{x})\mathrm{d}x_1\mathrm{d}x_2\mathrm{d}x_3=\int_D\rho_0(\overline{a})\mathrm{d}a_1\mathrm{d}a_2\mathrm{d}a_3 \tag{1.53}$$

其中积分在相同质点上延伸。但是

$$\begin{aligned}\frac{\mathrm{D}}{\mathrm{D}t}\int_V A\mathrm{d}V&=\int_V\frac{\partial A}{\partial t}\mathrm{d}V+\int_V\frac{\partial}{\partial x_j}(AV_j)\mathrm{d}V\\&=\int_V\left(\frac{\partial A}{\partial t}+V_j\frac{\partial A}{\partial x_j}+A\frac{\partial V_j}{\partial x_j}\right)\mathrm{d}V\\&=\int_V\left(\frac{\mathrm{D}A}{\mathrm{D}t}+A\frac{\partial v_j}{\partial x_j}\right)\mathrm{d}V\end{aligned} \tag{1.54}$$

其中 $\left|\dfrac{\partial x_i}{\partial a_j}\right|$ 是变换的雅可比量，即材料的行列式

$$\left|\frac{\partial x_i}{\partial a_j}\right| = \begin{vmatrix} \dfrac{\partial x_1}{\partial a_1} & \dfrac{\partial x_1}{\partial a_2} & \dfrac{\partial x_1}{\partial a_3} \\ \dfrac{\partial x_2}{\partial a_1} & \dfrac{\partial x_2}{\partial a_2} & \dfrac{\partial x_2}{\partial a_3} \\ \dfrac{\partial x_3}{\partial a_1} & \dfrac{\partial x_3}{\partial a_2} & \dfrac{\partial x_3}{\partial a_3} \end{vmatrix} \tag{1.55}$$

观察式（1.53）和式（1.54）的右侧，并使得结果必须适用于任意区域 D，则可推断出这两个式子中的积分必须是相等的，即

$$\rho_0(\overline{a}) = \rho(\overline{x})\left|\frac{\partial x_i}{\partial a_j}\right| \tag{1.56}$$

类似地，

$$\rho(\overline{x}) = \rho_0(\overline{a})\left|\frac{\partial a_i}{\partial x_j}\right| \tag{1.57}$$

这些方程将不同状态下的物质密度联系起来。

因此，单元体中的力学方法也可以应用到连续体。在材料描述上，每个质点在给定时刻的坐标都是相同的。这并不总是很方便。当描述河流中的水流时，我们不希望确定每个水质点的来源。相反，我们通常对瞬时速度场及其随时间演变感兴趣。这导致了传统上用于流体动力学的空间描述。

以位置 (x_1,x_2,x_3) 和时间 t 作为自变量，这在流体动力学中是很自然的，因为测量更容易进行，可以直接解释某个地方发生的事情，而不是跟随个别质点。

在空间描述中，连续体的瞬时运动由速度向量场 $v_i(x_1,x_2,x_3,t)$ 描述，当然，这是位于 (x_1,x_2,x_3) 处的质点在时间 t 处瞬时的速度，我们将证明质点的瞬时加速度由以下公式给出：

$$\dot{v}_i(\overline{x},t) = \frac{\partial v_i}{\partial t}(\overline{x},t) + v_j\frac{\partial v_i}{\partial x_j}(\overline{x},t) \tag{1.58}$$

证明源于这样一个事实，即位于时间 t 处 x_1,x_2,x_3 的质点在时间 $t+\mathrm{d}t$ 内移动到坐标为 $x_i+v_0\mathrm{d}t$ 的点，并且根据泰勒定理（见附录），将高阶无穷小项在 $\mathrm{d}t\to 0$ 时忽略，下式可以退化得到式（1.58）。

$$\dot{v}_i(\overline{x},t) = v_i(x_j+v_j\mathrm{d}t, t+\mathrm{d}t) - v_i(x_j,t) = v_i + \frac{\partial v_i(\overline{x},t)}{\partial t}\mathrm{d}t + \frac{\partial v_i(\overline{x},t)}{\partial x_j}v_j\mathrm{d}t - v_i$$

式（1.58）中的第一项可以解释为由速度场的时间依赖性引起的，第二项是质点在非均匀速度场中运动的贡献。因此，这两项分别称为加速度的局部和对流部分。

式（1.58）的推理依据，适用于运动质点的任何函数 $F(x_1,x_2,x_3,t)$ 。例如温度，一个方便的术语是材料导数，它用符号 $\mathrm{D}/\mathrm{D}t$ 表示，因此，F 的材料导数是

$$\dot{F} = \frac{\mathrm{D}F}{\mathrm{D}t} \equiv \left(\frac{\partial F}{\partial t}\right)_{x=\text{const}} + v_1\frac{\partial F}{\partial x_1} + v_2\frac{\partial F}{\partial x_2} + v_3\frac{\partial F}{\partial x_3} \tag{1.59}$$

另外，如果 $F(x_1,x_2,x_3,t)$ 通过变换式（1.50）变换为 $F(a_1,a_2,a_3,t)$ ，则 $F(a_1,a_2,a_3,t)$ 包括附

着在质点(a_1,a_2,a_3)上的 F 的值。因此，材料导数 F 确实表示质点性质 F 的变化率(a_1,a_2,a_3)。也就是说；

$$\dot{F}=\left.\frac{\partial F(a_1,a_2,a_3,t)}{\partial t}\right|_a \tag{1.60}$$

关于 $F(x_1,x_2,x_3,t)$ 作为 a_1,a_2,a_3,t 的隐函数，我们有

$$\dot{F}=\left.\frac{\partial F}{\partial t}\right|_{\bar{x}}+\left.\frac{\partial F}{\partial x_1}\right|\left.\frac{\partial x_1}{\partial t}\right|_{\bar{a}}+\left.\frac{\partial F}{\partial x_2}\right|\left.\frac{\partial x_2}{\partial t}\right|_{\bar{a}}+\left.\frac{\partial F}{\partial x_3}\right|\left.\frac{\partial x_3}{\partial t}\right|_{\bar{a}} \tag{1.61}$$

设 $I(t)$ 是连续可微函数 $A(x,t)$ 的体积积分，该函数定义在空间域 $V(x_1,x_2,x_3,t)$ 上，由给定材料开展体积积分：

$$I(t)=\iiint_V V(\bar{x},t)\mathrm{d}x_1\mathrm{d}x_2\mathrm{d}x_3 \tag{1.62}$$

这里，我们再次用$\bar{X}$代表 x_1,x_2,x_3。函数 $I(t)$ 是时间 t 的函数，因为积分和 $A(\bar{x},t)$ 和域 $V(\bar{x},t)$ 都依赖于参数 t。

随着 t 的变化，$I(t)$ 也发生变化，我们会问：$I(t)$ 相对于 t 的变化率是多少？该变化率由 $\frac{\mathrm{D}I}{\mathrm{D}t}$ 表示，称为 I 的材料导数，是为一组给定的材料质点定义的。

“对于一组给定的质点”这一条件是最重要的。关键问题在于，物质本身包含的物理量 I 的变化率是多少。为了准确评估这个 I 值的变化率，需要注意，物体在时刻 t 的边界 S 将在时间 t+dt 内移动到相邻的表面 S'，该表面界定了域 V'（图 1.13）。I 的物质导数定义为

$$\begin{aligned}&\frac{\mathrm{D}I}{\mathrm{D}t}=\lim_{\mathrm{d}t\to 0}\frac{1}{\mathrm{d}t}\left[\int_{V'}A(\bar{x},t+\mathrm{d}t)\mathrm{d}V-\int_{V'}A(\bar{x},t)\mathrm{d}V\right]\\&V'=V+\Delta V\\&\mathrm{d}V=AV_i n_i\mathrm{d}\bar{S}\mathrm{d}t\\&\frac{\mathrm{D}}{\mathrm{D}t}\int_V A\mathrm{d}V=\int_V\frac{\partial A}{\partial t}\mathrm{d}V+\int_S AV_j n_j\mathrm{d}S'\end{aligned} \tag{1.63}$$

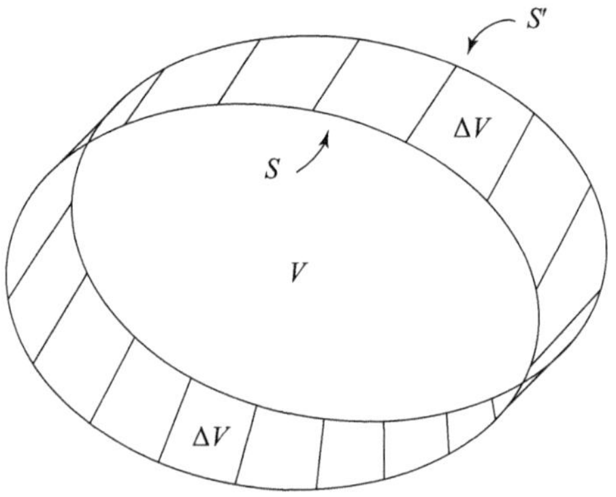

图 1.13 区域边界的连续变化

注意 V'和 V 之间的差异。令ΔV 表示 $V'-V$。ΔV 是由表面 S 在短时间间隔 dt 内的运动所扫过的区域。由 $V'=V+\Delta V$，我们将式（1.53）写为

$$\begin{aligned}\frac{\mathrm{D}I}{\mathrm{D}t} &= \lim_{\mathrm{d}t\to 0}\frac{1}{\mathrm{d}t}\left[\int_V A(\overline{x},t+\mathrm{d}t)\mathrm{d}V + \int_{\Delta V} A(\overline{x},t+\mathrm{d}t)\mathrm{d}V - \int_V A(\overline{x},t)\mathrm{d}V\right] \\ &= \lim_{\mathrm{d}t\to 0}\left\{\frac{1}{\mathrm{d}t}\int_V [A(\overline{x},t+\mathrm{d}t)-A(\overline{x},t)]\mathrm{d}V + \frac{1}{\mathrm{d}t}\int_{\Delta V} A(\overline{x},t+\mathrm{d}t)\mathrm{d}V\right\}\end{aligned} \tag{1.64}$$

对于连续微分函数 $A(\overline{x},t)$，右侧的第一项贡献值从 $\int_V \frac{\partial A}{\partial t}$ 到 $\frac{\mathrm{D}I}{\mathrm{D}t}$ 。

式(1.64)中的最微项可以忽略不计，对于无穷小 $\mathrm{d}t$ ，积分可以在边界面 S'上取为 $A(\overline{x},t)$（假设 $A(\overline{x},t)$ 连续），并且积分等于 $A(\overline{x},t)$ 的总和乘以位于边界 S 上的质点在时间间隔 $\mathrm{d}t$ 中扫过的体积。

如果 n_i 是沿着 S' 的外法线的单位向量，那么由于在边界上的质点位移是 $V_i\mathrm{d}t$ ，对于边界 S 上面积为 $\mathrm{d}s$ 的单元体，其质点体积为 $\mathrm{d}V = V_i n_i \mathrm{d}\overline{S}\mathrm{d}t$ 。若忽略高阶无穷小量，我们可以看到这个元素对 $\frac{\mathrm{D}I}{\mathrm{D}t}$ 的贡献是 $AV_i n_i \mathrm{d}\overline{S}$ ，总贡献是通过对 S' 的积分获得的。

因此，

$$\frac{\mathrm{D}}{\mathrm{D}t}\int_V A\mathrm{d}V = \int_V \frac{\partial A}{\partial t}\mathrm{d}V + \int_S AV_j n_j \mathrm{d}S \tag{1.65}$$

用高斯定理变换最后一个积分并使用方程（1.59），我们有

$$\begin{aligned}\frac{\mathrm{D}}{\mathrm{D}t}\int_V A\mathrm{d}V &= \int_V \frac{\partial A}{\partial t}\mathrm{d}V + \int_V \frac{\partial}{\partial x_j}(AV_j)\mathrm{d}V \\ &= \int_V \left(\frac{\partial A}{\partial t} + V_j\frac{\partial A}{\partial x_j} + A\frac{\partial V_j}{\partial x_j}\right)\mathrm{d}V \\ &= \int_V \left(\frac{DA}{Dt} + A\frac{\partial v_j}{\partial x_j}\right)\mathrm{d}V\end{aligned} \tag{1.66}$$

这个关键的公式在流体力学中经常被使用。应该注意，在方程（1.66）中，对材料的偏导计算与材料的空间积分计算不互为逆运算。

第 2 章　弹性固体中的体波传播

2.1　体波波动方程及其位移形式

2.1.1　弹性固体中波动方程的位移形式

对于弹性静力学问题，弹性体在不变的载荷作用下保持静止。但是实际情况往往比较复杂，比如弹性体受到瞬间力的作用。如果考虑到瞬间力的强度较小，这些变化足够渐进，以便在每个瞬间都可以假设为静态状态，这被称为准静态问题。因此，在应力波传播研究中，准静态问题是指材料随波动时间变化的问题，其状态变化率较慢，可以认为材料是准静态的。在准静态问题中，材料内各物理量随时间缓慢变化，因此可以忽略某些高阶微量项，简化问题的求解过程。

突然的加载，例如爆炸，或者突然的位移，例如地球上的地震断层滑动引起的地震，本质上都属于动态问题。此时静力平衡方程必须由运动方程取代。当首次施加力时，其作用效果不会立即传递到物体的各个部分。应力和变形会以波的形式从加载区域辐射出来，并且这些波的传播速度是有限的。类似于空气中声音传播的情况，直到波有足够的时间到达某个点，该点才会受到干扰。但是在弹性固体中，有不止一种波，每一种波对应其特征波速。

首先从三维直角坐标系下的一般方程出发，讨论能够表征最简单波类型的基本解。其他形式的运动，例如振动,在此不作深入探讨。在某些特殊情况下，例如杆中的纵波,将在建立一般理论后引入其波动的近似表示，以便更清晰地说明相关假设的本质。

在讨论弹性介质中波的传播时，以位移的形式进行表达是很方便的，即方程（1.42）。要从这些平衡方程中获得小运动方程，只需添加惯性力。假设没有体力，波动方程的位移形式可以表示如下：

$$
\begin{aligned}
&(\lambda+G)\frac{\partial e}{\partial x}+G\nabla^2 u-\rho\frac{\partial^2 u}{\partial t^2}=0\\
&(\lambda+G)\frac{\partial e}{\partial y}+G\nabla^2 v-\rho\frac{\partial^2 v}{\partial t^2}=0\\
&(\lambda+G)\frac{\partial e}{\partial z}+G\nabla^2 w-\rho\frac{\partial^2 w}{\partial t^2}=0
\end{aligned}
\tag{2.1}
$$

其中，e是体积应变；$\nabla^2=\dfrac{\partial^2}{\partial x^2}+\dfrac{\partial^2}{\partial y^2}+\dfrac{\partial^2}{\partial z^2}$。

首先，假设波产生的体积应变是 0，变形仅由剪切变形和旋转组成，则方程（2.1）变为

$$\begin{cases} G\nabla^2 u - \rho \dfrac{\partial^2 u}{\partial t^2} = 0 \\ G\nabla^2 v - \rho \dfrac{\partial^2 v}{\partial t^2} = 0 \\ G\nabla^2 w - \rho \dfrac{\partial^2 w}{\partial t^2} = 0 \end{cases} \tag{2.2}$$

这是横波波动方程的位移形式。

2.1.2　位移场的分解

然而，如果给出应变分量的分布，就不能完全确定位移函数 u、v 和 w。在由积分应变-位移关系（1.26）得到位移时，一些积分常数将被证明等效于刚体的平移和旋转。现在我们阐述这些平移和旋转与位移函数 u、v 和 w 之间的关系。

如果图 2.1 中的单元以小的角位移 w_{zO} 作刚体旋转，我们得到

$$w_{zO} = \frac{\partial v}{\partial x} = -\frac{\partial u}{\partial y} \tag{2.3}$$

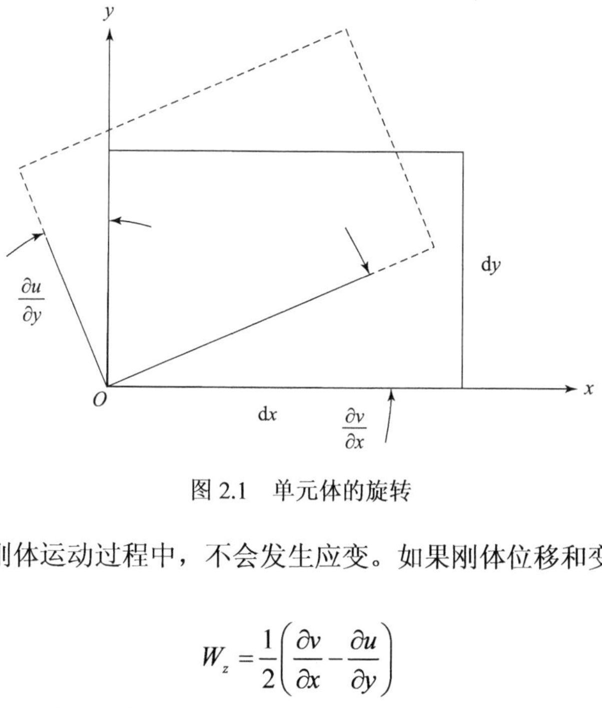

图 2.1　单元体的旋转

当然，在这种刚体运动过程中，不会发生应变。如果刚体位移和变形（应变）同时发生，可定义

$$W_z = \frac{1}{2}\left(\frac{\partial v}{\partial x} - \frac{\partial u}{\partial y}\right) \tag{2.4}$$

W_z 表示 dx 和 dy 的角位移的平均值，称为旋转。

从数学上讲，对于二维单元体情况，我们有

$$\mathrm{d}u(x, y) = \frac{\partial u}{\partial x}\mathrm{d}x + \frac{\partial u}{\partial y}\mathrm{d}y \tag{2.5}$$

式（2.5）可以写成

$$du=\frac{\partial u}{\partial x}dx+\frac{1}{2}\left(\frac{\partial u}{\partial y}+\frac{\partial v}{\partial x}\right)dy+\frac{1}{2}\left(\frac{\partial u}{\partial y}-\frac{\partial v}{\partial x}\right)dy$$

或

$$du=\epsilon_x dx+\frac{1}{2}\gamma_{xy}dy-W_z dy \tag{2.6}$$

方程（2.6）的前两项表示 C 点相对于 A 点的位移的 x 分量，这种位移是由应变分量 ϵ_x 和 γ_{xy} 引起的，即图 2.2 所示的应变状态（纯变形）。式（2.6）的最后一项表示由纯变形引起的位移。因此，如果我们将纯变形引起的位移和旋转引起的位移叠加在一起，就可以确定元件的最终位置。

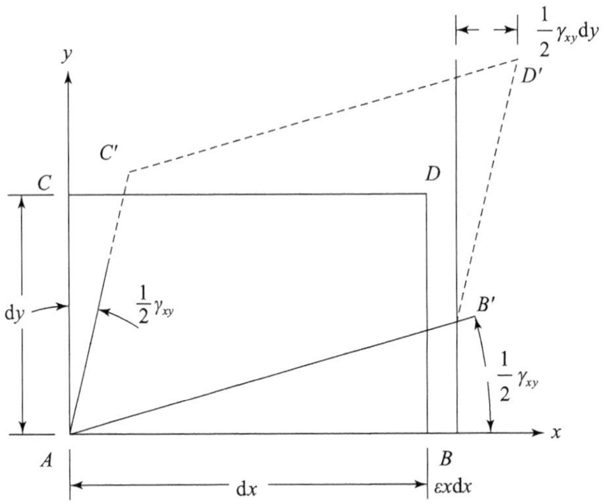

图 2.2　单元体的纯变形

如果可以证明 W_z 表示主轴的角位移，类似地，点 C 相对于 A 的位移的 y 分量可以写为

$$dv=\epsilon_y dy+\frac{1}{2}\gamma_{xy}dx+w_z dx \tag{2.7}$$

如果给定的应变分量满足相容性方程（1.32），则可以对给出 u 和 v 的总微分的方程（2.6）和（2.7）进行积分。

从物理上讲，方程（2.5）所表达的内容可通过图 2.3 呈现出来。因为如果 A 处位移的 x 分量是 u，那么在 c 处有位移，而 du 是 $\frac{\partial u}{\partial x}dx$ 和 $\frac{\partial u}{\partial y}dy$ 的总和。

为了清晰起见，对图 2.3 中显示的位移进行了放大。在弹性的线性理论中，我们只考虑应变和位移分量的空间导数较小的问题。所谓的“较小”是指这些量的乘积构成二阶项。这些对无穷小变形的限制条件限制了解的普适性。然而，通过这些假设，人们可以准确地处理大量的工程问题。在有限弹性中，由于应变和位移相对较大，这些假设不再成立，必须重新定义应变分量。现在考虑波浪变形时无旋转的情况。元素在三维空间中的旋转可表示为

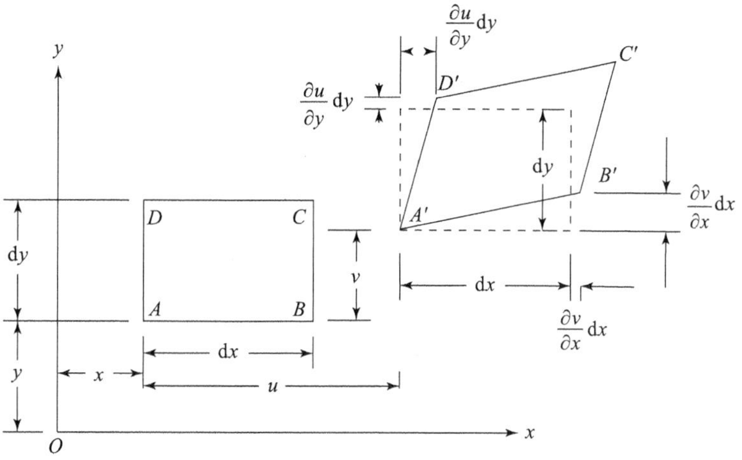

图 2.3　无穷小二维单元体的平移和变形

$$w_x = \frac{1}{2}\left(\frac{\partial w}{\partial y} - \frac{\partial v}{\partial z}\right),\quad w_y = \frac{1}{2}\left(\frac{\partial u}{\partial z} - \frac{\partial w}{\partial x}\right),\quad w_x = \frac{1}{2}\left(\frac{\partial v}{\partial x} - \frac{\partial u}{\partial y}\right) \tag{2.8}$$

因此，变形是无旋的条件可以用以下形式表示：

$$\begin{cases} \dfrac{\partial v}{\partial x} - \dfrac{\partial u}{\partial y} = 0,\quad \dfrac{\partial w}{\partial y} - \dfrac{\partial v}{\partial z} = 0,\quad \dfrac{\partial u}{\partial z} - \dfrac{\partial w}{\partial x} = 0 \\ a = c_1 = \sqrt{\dfrac{\lambda + 2G}{\rho}} \\ a = c_2 = \sqrt{\dfrac{G}{\rho}} \\ u = w = 0 \end{cases} \tag{2.9}$$

当满足这些方程时，位移 u，v，w 可从一个简单的函数导出 ϕ，如下所示：

$$u = \frac{\partial \phi}{\partial x},\quad v = \frac{\partial \phi}{\partial y},\quad w = \frac{\partial \phi}{\partial z} \tag{2.10}$$

然后将

$$e = \nabla^2 \phi,\quad \frac{\partial e}{\partial x} = \frac{\partial}{\partial x}\nabla^2 \phi = \nabla^2 u$$

代入方程（2.1）中，可得

$$\begin{cases} (\lambda + 2G)\nabla^2 u - \rho \dfrac{\partial^2 u}{\partial t^2} = 0 \\ (\lambda + 2G)\nabla^2 v - \rho \dfrac{\partial^2 v}{\partial t^2} = 0 \\ (\lambda + 2G)\nabla^2 w - \rho \dfrac{\partial^2 w}{\partial t^2} = 0 \end{cases} \tag{2.11}$$

这是纵波波动方程的位移形式。需要注意的是，在纵波传播过程中，介质变形通常伴随着剪切应变。波在弹性介质中传播的一般情况是通过横波和纵波的叠加获得的。对于这两种

波，运动方程具有共同的形式

$$\frac{\partial^2\psi}{\partial t^2}=a^2\nabla^2\psi \tag{2.12}$$

$$a=c_1=\sqrt{\frac{\lambda+2G}{\rho}} \tag{2.13}$$

对于纵波的情况

$$a=c_2=\sqrt{\frac{G}{\rho}} \tag{2.14}$$

对于横波的情况，c 表示波的传播速度，c_1 和 c_2 分别是纵波和横波的平面波传播速度。

2.2 弹性介质中的平面波

描述波的传播方式主要有三种：平面波、球面波和柱面波。这三种类型的波在空间中的传播方式不同。通过描述波阵面的形状，可以更好地理解波在空间中的传播方式和行为。例如，在声学中，平面波适用于描述在均匀介质中的传播，而球面波和柱面波则适用于描述在非均匀介质中的传播。

平面波：它的等相位波前面是平面。当一个点声源在无反射物的空间中辐射声波时，在距离声源足够远处的声波，可以认为是平面波。在实际工作中，为了简化计算，经常将弹性波作近似处理，距离震源较远处的弹性波都可以近似地按平面波处理。

球面波：是指波阵面为同心球面的波。比如，当声源的尺度远小于材料中的声波波长（即点声源）时，它所产生的声波便成为球面波。球面波在弹性介质传播过程中，某一点波幅与该点到震源中心的距离成反比地衰减变化。因此，在远场中的声波呈球面发散波，声波在某点产生的声压与该点至声源中心的距离成反比。

柱面波：是波阵面为同轴柱面的波。比如，交通繁忙的公路上，汽车往往连成一条线行驶，可认为这些汽车是线声源，所辐射的噪声就是柱面波。在柱面弹性波中，波振幅沿轴向分布是均匀的，沿径向与距轴的距离平方根成反比。

2.2.1 平面波解的一般形式

如果弹性介质的某一点产生扰动，波将从该点向各个方向辐射。然而，在离扰动中心很远的地方，这些波可以被视为平面波。假设平面波上所有质点要么沿着波传播方向运动（产生纵波），要么垂直于波传播方向运动（产生横波）。在第一种情况下，我们得到纵波，而在第二种情况下，我们得到横波。

如果我们以x轴为纵波传播方向，则$u=w=0$，而u是x的函数。根据式（2.11）可得出

$$\frac{\partial^2 u}{\partial t^2}=c_1^2\frac{\partial^2 u}{\partial x^2} \tag{2.15}$$

可以证明任何函数$f(x+c_1t)$都是方程(2.15)的解。同时任何函数$f_1(x-c_1t)$也是方程(2.15)

的解，因此，可以用以下形式表示：

$$u = f(x + c_1 t) + f_1(x - c_1 t) \tag{2.16}$$

这个解有一个非常简单的物理解释，可以先用以下方式予以说明。考虑方程（2.16）右侧的第二项，对于一个特定的时刻t，这个项只是x的函数，可以用某条曲线表示，例如图 2.4（a）中的 *mnp*，其形状取决于函数f_1。

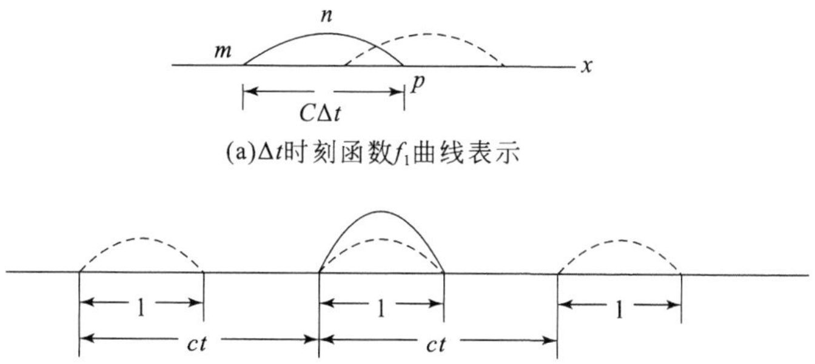

图 2.4　时间、空间域的波函数示意图

在时间间隔Δt之后，函数f_1的自变量变为$x - c_1(t - \Delta t)$。只要在t增加Δt的同时，横坐标以$\Delta x = c_1 \Delta t$增加，函数f_1将保持不变。这意味着，为时间t构建的曲线 *mnp* 也可以用于时间$t + \Delta t$，只要在x方向上平移$\Delta x = c_1 \Delta t$，如图 2.4 中虚线所示。

从这个考虑中可以看出，解（2.16）的第二项代表一个沿 x 轴方向以恒定速度c_1传播的波。同样，可以证明解（2.16）的第一项代表一个沿相反方向传播的波。因此，一般解（2.16）表示沿 x 轴以两个相反方向传播的波，其恒定速度由方程（2.13）给出。这个速度可以通过在方程（2.13）中代入λ和G的等效物（方程（1.22）和方程（1.11）给出）来用E、ν和ρ表示，即

$$G = \sqrt{\frac{E(1-\nu)}{(1+\nu)(1-2\nu)\rho}} \tag{2.17}$$

2.2.2　平面波的动能与势能

考虑方程（2.16）中仅由函数$f_1(x - c_1 t)$表示的“向前”波运动，可得到质点速度为

$$\dot{u} = \frac{\partial u}{\partial t} = -c_1 f_1'(\xi), \quad \xi = x - c_1 t \tag{2.18}$$

$f_1'(\xi)$表示$f_1(\xi)$相对于ξ的微分。

因此，单元体 dxdydz 的动能表示如下：

$$\frac{1}{2}\rho \mathrm{d}x\mathrm{d}y\mathrm{d}z\left(\frac{\partial u}{\partial t}\right)^2 = \frac{1}{2}\rho \mathrm{d}x\mathrm{d}y\mathrm{d}z c_1^2 [f_1'(\xi)]^2 \tag{2.19}$$

势能也称为应变能。那什么是应变能？若一根均匀的杆在简单的张力下加载，当杆拉伸时，端部的力会做一定的功。对一个元件做功并存储在其中的能，称为应变能，也就是势能。

如果图 2.5 中所示的元件仅受到法向应力σ_x的作用，则有一个力$\sigma_x \mathrm{d}y\mathrm{d}z$，它对外部$\epsilon_x \mathrm{d}x$

起作用。应变分量可表示为

$$\epsilon_x = \frac{\partial u}{\partial x} = f_1'(\xi), \quad \epsilon_y = \epsilon_z = 0 \tag{2.20}$$

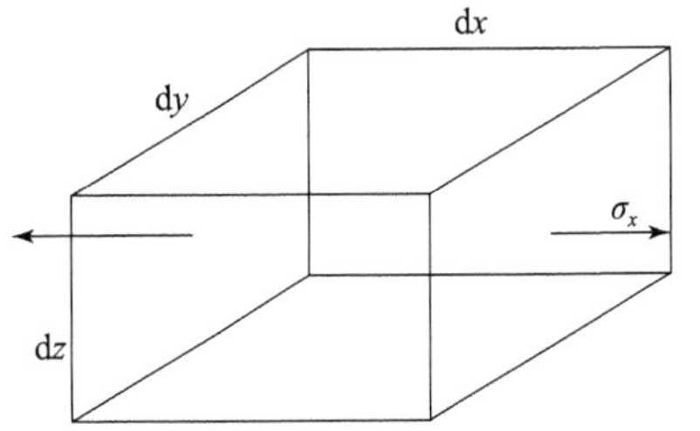

(a)无限小单元体仅受应力σ_x

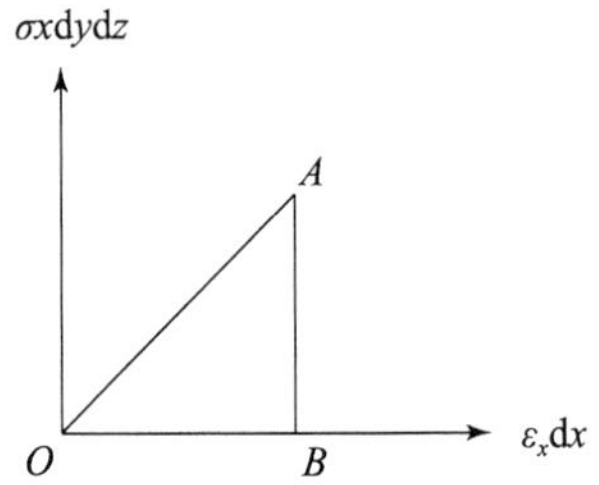

(b)应力加载过程中应力应变关系

图 2.5 无穷小单元体的应力与应变

加载过程中这两个量之间的关系用一条直线表示，例如图 2.5（b）中的 OA，并且在变形过程中所做的功由三角形 OAB 的面积$\frac{1}{2}(\sigma_x \mathrm{d}y\mathrm{d}z)\epsilon_x \mathrm{d}x$ 给出，用 dV 表示，则有

$$\mathrm{d}V = \frac{1}{2}\sigma_x \epsilon_x \mathrm{d}x\mathrm{d}y\mathrm{d}z \tag{2.21}$$

显然，如果这些单元体的体积相同，它们所做的功就相同。

现在我们要探究这些功变成了什么，它被转化为哪种或哪些类型的能量？它被转化为单元体的应变能。

在气体的情况下，绝热压缩会导致温度上升。当普通钢杆被绝热压缩时，温度也会类似地上升，但升幅相当小。通过抽取热量，可以恢复原始温度。这种温度变化会改变应变，但只是绝热应变的一小部分。如果不是这样，绝热和等温弹性模量之间将会存在显著差异。对于常见金属来说，实际差异非常小。例如，铁的绝热杨氏模量仅比等温模量高 0.26%。这里，我们将忽略这些差异。因此，应变能是对单元体做功并储存在其中的能量。这里假设单元体保持弹性，且没有产生动能。

2.2.3 能量密度

当单元具有作用于其上的六个应力分量$\sigma_x, \sigma_y, \sigma_z, \tau_{xy}, \tau_{yz}, \tau_{zx}$时（图 2.5），同样的考虑也适用。能量守恒定律要求功不能依赖于力施加的顺序，而只能依赖于它们最终的大小。否则，我们可以按一种顺序加载，然后按另一种顺序卸载，对应更大的功量。

因此，在一个完整的周期中，将从该单元体中获得一定功。计算做功最简单的情况是，所有力或应力以相同的比率同时增加，同时每个力与相应位移之间的关系仍然保持线性，如图 2.5（b）所示，所有力所做的总功为

$$\mathrm{d}V = V_0 \mathrm{d}x\mathrm{d}y\mathrm{d}z \tag{2.22}$$

其中

$$V_0 = \frac{1}{2}\left(\sigma_x\epsilon_x + \sigma_y\epsilon_y + \sigma_z\epsilon_z + \tau_{xy}\gamma_{xy} + \tau_{yz}\gamma_{yz} + \tau_{zx}\gamma_{zx}\right) \tag{2.23}$$

因此 V_0 是每单位体积的能量，或每单位体积的应变能，简称为能量密度。

请注意，在前述讨论中，应力被认为在单元体相对面上是相同的，并且没有体力。如果我们重新考虑当应力变化时对单元体所做的功，尽管包括了体和体力，但可以证明对单元体所做的总功减少到由式（2.22）和式（2.23）给出的值。因此，这些公式在应力不均匀且包括体力时仍然给出对单元体所做的功，或储存在其中的应变能。通过胡克定律方程（1.14）和（1.18），可以将方程（2.23）给出的 V_0 表示为仅关于应力分量的函数。然后，

$$V_0=\frac{1}{2E}\left(\sigma_x^2+\sigma_y^2+\sigma_z^2\right)-\frac{\nu}{E}(\sigma_x\sigma_y+\sigma_y\sigma_z+\sigma_z\sigma_x)+\frac{1}{2G}\left(\tau_{xy}^2+\tau_{yz}^2+\tau_{zx}^2\right) \tag{2.24}$$

或者，使用方程（1.23）并仅将 V_0 表示为应变分量的函数，则

$$V_0=\frac{1}{2}\lambda e^2+G(\epsilon_x^2+\epsilon_y^2+\epsilon_z^2)+\frac{1}{2}G(\gamma_{xy}^2+\gamma_{yz}^2+\gamma_{zx}^2) \tag{2.25}$$

其中，$e=\epsilon_x+\epsilon_y+\epsilon_z$，$\lambda=\dfrac{E\nu}{(1+\nu)(1-2\nu)}$。

这表明 V_0 始终为正数。现在，将应变分量方程（2.20）代入方程（2.25），单元体的应变能为

$$V_0\mathrm{d}x\mathrm{d}y\mathrm{d}z=\frac{1}{2}(\lambda+2G)(f_1')^2\mathrm{d}x\mathrm{d}y\mathrm{d}z \tag{2.26}$$

比较方程（2.19）和方程（2.26），回顾方程（2.13），发现动能和势能在任何时刻都相等。

对于应力，我们从方程（1.23）得到

$$\sigma_x=\lambda\mathrm{e}+2G\epsilon_x=(\lambda+2G)\epsilon_x,\quad \sigma_y=\sigma_z=\lambda\epsilon_x \tag{2.27}$$

$$\frac{\sigma_y}{\sigma_x}=\frac{\sigma_z}{\sigma_x}=\frac{\lambda}{\lambda+2G}=\frac{\nu}{1-\nu} \tag{2.28}$$

为了保持 $\epsilon_y=\epsilon_z=0$，需要这些分量 σ_y，σ_z。

将方程（2.27）中的 σ_x 与方程（2.18）中的 $\dot{u}$ 进行比较，并利用方程（2.20），我们得到

$$\sigma_x=-\rho c_1\dot{u} \tag{2.29}$$

如果我们在方程（2.16）中单独考虑函数 $f(x+c_1t)$ 表示的“向后”波运动，方程（2.29）和方程（2.18）中的减号将被加号代替。

在某种特殊情况下，函数 f 和 f_1 应根据瞬时 t=0 时的初始条件确定。对于这一瞬时，可从方程（2.16）得到

$$\begin{cases} u\big|_{t=0}=f(x)+f_1(x) \\ \left.\dfrac{\partial u}{\partial t}\right|_{t=0}=c[f'(x)-f_1'(x)] \end{cases} \tag{2.30}$$

例如，假设初始速度为零，并且有一个初始位移：$u\,|_{t=0}=F(x)$。条件（2.30）满足 $f(x)=f_1(x)=\dfrac{1}{2}F(x)$，因此，在这种情况下，初始位移将被分成两半，并且这两半将以波的形式在两个相反的方向传播（图 2.4（b））。

现在考虑横波，其中 x 轴在波传播方向，y 轴在横向位移方向，我们发现位移 u 和 w 为零，而位移 v 是 x 和 t 的函数。由式（2.2）可得到

$$\frac{\partial^2 v}{\partial t^2}=c_2^2\frac{\partial^2 v}{\partial x^2} \tag{2.31}$$

该方程与方程（2.15）具有相同的形式，可以得出结论：横波沿 x 轴传播，速度为

$$c_2=\sqrt{\frac{G}{\rho}}$$

或由式（2.17）得

$$c_2=c_1\sqrt{\frac{1-2\nu}{2(1-\nu)}}$$

对于 $\nu=0.25$，给出

$$c_2=\frac{c_1}{\sqrt{3}} \tag{2.32}$$

任意函数 $f(x-c_2t)$ 是方程（2.31）的解，表示波以速度 c_2 在 x 方向上传播。以解（2.32）为例，形式为

$$v=v_0\sin\frac{2\pi}{l}(x-c_2t) \tag{2.33}$$

在这种情况下，波具有正弦形式。波的长度为 l，振幅为 v_0，横向运动的速度为

$$\frac{\partial v}{\partial t}=-\frac{2\pi c_2}{l}v_0\cos\frac{2\pi}{l}(x-c_2t) \tag{2.34}$$

当位移（n）为最大值时，速度为零，当位移为零时，速度为最大值。波产生的剪切应变为

$$\gamma_{xy}=\frac{\partial v}{\partial t}=\frac{2\pi v_0}{l}\cos\frac{2\pi}{l}(x-c_2t)$$

$$c_2^2=\frac{G}{\rho} \tag{2.35}$$

因此，γ_{xy} 最大变形和 $\frac{\partial v}{\partial t}$ 速度最大值会同时发生在某一点。将这种波的传播表示如下：在图 2.6 中，mn 表示弹性介质的一根细纤维。当沿着 x 轴传播一个正弦波（n）时，单元体 A 经历位移和变形，其连续的值由阴影单元体 1、2、3、4、5 等表示。在瞬时 t=0 时，单元体 A 的位置如图 2.6 中 1 所示。此时，它的变形和速度为零。然后它获得正的速度，在时间间隔为 $\frac{1}{4}c_2$ 的时刻，其变形如图 2.6 中 2 所示。在这一瞬间，单元体的位移为零，而其速度为最大值。在时间间隔为 $\frac{1}{4}c_2$ 的时刻，条件如图 2.6 中 3 所示，依此类推。

纤维的横截面积为 d$y$dz，元件 A 的动能为

$$\frac{1}{2}\rho\mathrm{d}x\mathrm{d}y\mathrm{d}z\left(\frac{\partial V}{\partial t}\right)^2=\frac{1}{2}\rho\mathrm{d}x\mathrm{d}y\mathrm{d}z\frac{4\pi^2C_2^2}{l^2}V_0^2\cos\frac{2\pi}{l}\left(x-c_2t\right)$$

及其应变能为

$$\frac{1}{2}G\gamma_{xy}^2\mathrm{d}x\mathrm{d}y\mathrm{d}z=\frac{1}{2}G\frac{4\pi^2V_0^2}{l^2}\cos^2\frac{2\pi}{l}\left(x-c_2t\right)\mathrm{d}x\mathrm{d}y\mathrm{d}z$$

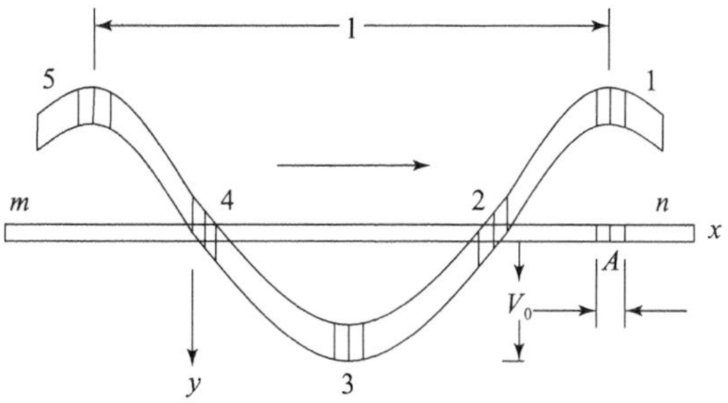

图 2.6　弹性纤维介质下的波传播

请记住 $c_2^2 = G/\rho$，并可以推断出：单元体在任何时刻的动能和势能都是相等的。

在天然地震情况下，纵波和横波以 c_1 和 c_2 的速度穿过地球，它们可以被地震仪记录下来，这两种波到达的时间间隔提供了记录点与震源中心的距离信息。正弦波和其他形式的平面波可以以不同方式组合，以满足在自由平面表面或两个不同介质之间界面处的物理条件。当传播方向不平行于表面时，可以得到与自由表面反射或界面反射和折射相对应的结果。

2.3　均匀杆中的纵波

现在我们讨论均匀杆中纵波的基本理论。在 2.2 节考虑的简单平面纵波只有在矩形横截面的杆上保持由方程（2.28）给出的应力分量 σ_y、σ_z 时才可能存在。对于任何横截面的杆，侧表面上需要相应的牵引力。

当侧表面是自由的时，要找到完整的运动方程（2.11）的适当解是很困难的。然而，对于许多实际情况，只需一个更简单的近似理论就足够了。在这个基本理论中，将杆的每个切片都视为简单张力，对于轴向应变 $\frac{\partial u}{\partial x}$，其中 u 仅是 x 的函数，然后得到

$$\sigma_z = E\frac{\partial u}{\partial x} \tag{2.36}$$

其他应力分量可以忽略不计。考虑一个最初位于横截面 x 和 $x+\mathrm{d}x$ 之间的单元体，如图 2.7 所示，运动方程简化后即为（取消横截面积）

$$\frac{\partial \sigma_x}{\partial x}\mathrm{d}x = \rho \mathrm{d}x\frac{\partial^2 u}{\partial t^2} \tag{2.37}$$

或

$$\frac{\partial^2 u}{\partial t^2} = c^2\frac{\partial^2 u}{\partial x^2} \tag{2.38}$$

其中

$$c = \sqrt{\frac{E}{\rho}} \tag{2.39}$$

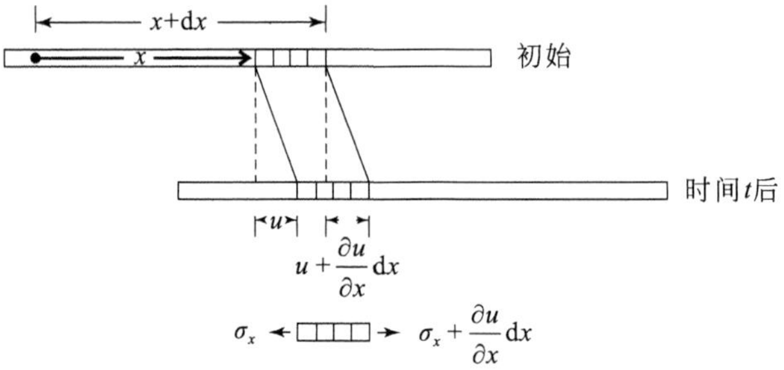

图 2.7　杆单元体的拉伸与位移

方程（2.38）与方程（2.15）具有相同的形式，其一般解是

$$u = f(x+ct) + f_1(x-ct) \tag{2.40}$$

解释遵循方程（2.16）。然而，在这里，波速是方程（2.39）给出的 c，它低于方程（2.17）中的波速 c_1。两者的比值为

$$\frac{c_1}{c} = \sqrt{\frac{1-\nu}{(1+\nu)(1-2\nu)}}$$

其中，c 为杆速度。

对于 ν=0.30，c_1/c 为 1.16。对于钢材，我们可以取 c=5136m/s。

当方程（2.40）中仅保留函数 f_1（正向波传播）时，我们从这个方程和方程（2.36）得到

$$\sigma_x = -\rho c\dot{u} \tag{2.41}$$

对于 f（反向传播），我们有

$$\sigma_x = \rho c\dot{u} \tag{2.42}$$

记为

$$u = f_1(x-ct),\quad \frac{\partial u}{\partial x} = f_1',\quad \frac{\partial u}{\partial t} = \dot{u} = -cf_1'$$

所以

$$f_1' = -\frac{\dot{u}}{c}$$

并且

$$\sigma_x = E\frac{\partial u}{\partial x} = Ef_1' = -\frac{E}{c}\dot{u} = \frac{-Ec}{c^2}\dot{u} = \left(\frac{\rho}{E}\right)(-Ec\dot{u})$$

因此，$\sigma_x = -\rho c\dot{u}$。

方程（2.39）和方程（2.41）中的结果可以在不借助于微分方程的情况下推导出来。

考虑在杆左侧突然施加一个均匀分布的压应力（图 2.8），它将在杆的某一端产生一个无限薄的均匀压缩。这个压缩将传递到相邻层，依此类推。一个压缩波开始沿杆传播，

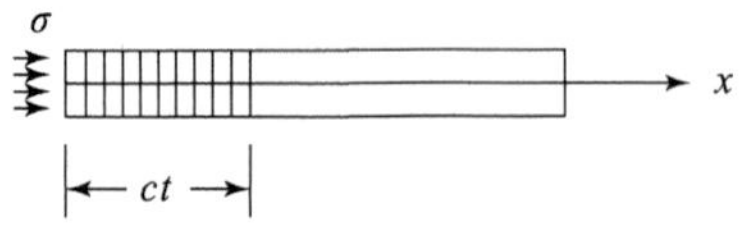

图 2.8　压应力作用下杆中波的传播

速度为 c，在时间间隔 t 后，长度为 ct 的杆部分将被压缩，其余部分将在无应力状态下静止。

应将波传播速度 c 与质点速度 V 区分开，因为质点速度是指压缩力作用下，杆上变形区内，质点位移随着时间的变化。质点速度 V 可以通过考虑压缩区（图 2.8 中的阴影）的事实来找到。

由于压应力 σ 缩短了 $\frac{\sigma}{E}ct$，因此，杆左端的速度，即压缩区的质点速度为

$$V = \frac{c\sigma}{E} \tag{2.43}$$

由于压缩长度 $\Delta l = \left(\frac{\sigma}{E}\right)ct$ ，所以

$$V = \frac{\Delta l}{t} = \frac{c\sigma}{E}$$

或者

$$ct = l, \quad \epsilon = \frac{\Delta l}{l}, \quad \epsilon = \frac{\sigma}{E}$$

所以

$$\frac{\Delta l}{l} = \frac{\Delta l}{ct} = \epsilon = \frac{\sigma}{E} \rightarrow \frac{\Delta l}{t} = \frac{\sigma C}{E}$$

因此

$$V = \frac{\Delta l}{t} = \frac{c\sigma}{E}$$

需要注意 c 是均匀条形中的纵波速度，c_1 是平面纵波速度。也就是说，在距离扰动中心很远的弹性介质点上，可以假设所有质点都沿波的传播方向平行移动。

波传播的速度 c 可以通过动量方程求得。开始时，杆的阴影部分处于静止状态(图 2.8)。经过时间 t 后，它具有速度 V（即质点的速度）和动量 $Act\rho V$ 。假设其等于压缩力的冲量，我们发现

$$A\sigma t = Act\rho V \tag{2.44}$$

使用式（2.43），可得到 c 的值，即方程（2.39）给出的值，而质点速度为

$$V = \frac{\sigma}{\sqrt{E\rho}} \tag{2.45}$$

这对应于方程（2.41），其中 $\dot{u}$ 表示质点速度。

可以看出，c 与压缩力和质点速度 V 无关，与此同时，质点速度 V 与应力 σ 成正比。

如果在杆的末端突然施加拉力而不是压缩力，则张力将沿杆以速度 c 传播。质点速度再次由方程（2.45）给出，但是这个速度的方向与 x 轴的方向相反。因此，在压缩波中，质点速度 V 与波传播速度方向相同，但在张力波中，速度 V 与波的传播方向相反。

根据方程（2.39）和方程（2.45），有

$$\sigma = E\frac{V}{c} \tag{2.46}$$

方程（2.46）表明，波中的应力由两个速度的比值和材料的模量 E 决定。

如果一个绝对刚性的物体以速度 v 沿着杆的左端纵向撞击，那么在第一个瞬间接触表面上的压应力由方程（2.46）给出。如果物体的速度 v 超过某个限制，（这个限制取决于材料本身力学性质），尽管撞击体的质量可能很小，但杆将发生永久变形。

现在考虑图 2.8 中阴影显示的波的能量，它由两部分组成：变形应变能 $\frac{Act\sigma^2}{2E}$ 和动能 $\frac{Act\rho V^2}{2}=\frac{Act\sigma^2}{2E}$。

可以看出，波的总能量等于作用在距离为 $\left(\frac{\sigma}{E}\right)ct$ 上的压缩力 $A\sigma$ 所做的功，一半是势能，另一半是动能。

注意：因为 $V=\frac{\sigma}{\sqrt{E\rho}}$，所以 $\frac{Act\rho V^2}{2}=\frac{Act\rho\sigma^2}{2E}=\frac{Act\sigma^2}{2E}$。

方程（2.38）描述了波的传播，它是线性的。因此，如果我们有方程的两个解，它们的和也是该方程的解。因此，在讨论沿杆传播的波时，可以使用叠加的方法。

如果两个沿相反方向传播的波（图 2.9）相遇，通过叠加可以得到质点的合成应力和速度。例如，如果两个波都是压缩波，通过简单相加可以得到合成的压缩，如图 2.9（b）所示，通过相减可以得到质点的合成速度。两个波经相遇与分离后，将恢复到初始形状，如图 2.9（c）所示。

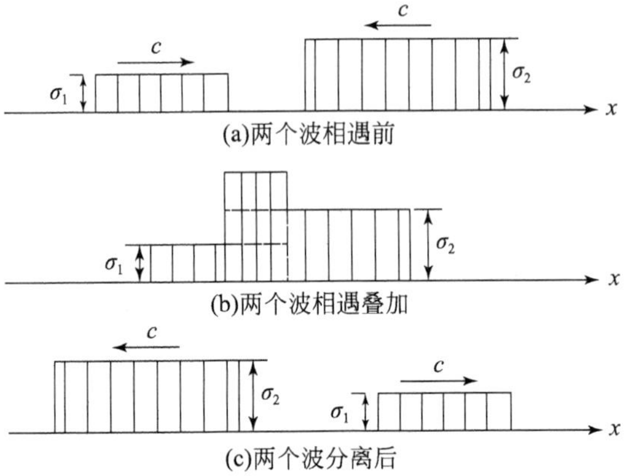

图 2.9　两个沿相反方向传播的波相遇与分离

考虑一个压缩波沿杆在 x 方向上移动，以及一个长度相同且应力大小相同，在相反方向上移动的张力波（图 2.10）。当波聚集在一起时，拉伸和压缩相互抵消，并且在两个波叠加的杆中应力为零。

如果同时向彼此移动的两个相同的波（图 2.11（a））相遇，那么在波叠加的杆中的应力将加倍，中间横截面 mn 始终具有零速度。这一部分在波传递期间保持不动，可以将其视为杆的固定端，如图 2.11（c）所示。然后，通过比较图 2.11（a）和（b），可以得出结论：波从固定端反射时完全不变。

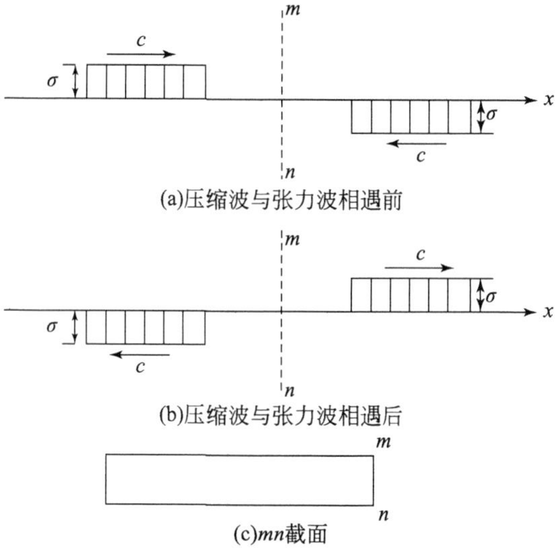

(a)压缩波与张力波相遇前

(b)压缩波与张力波相遇后

(c)*mn*截面

图 2.10　沿相反方向传播的压缩波与张力波

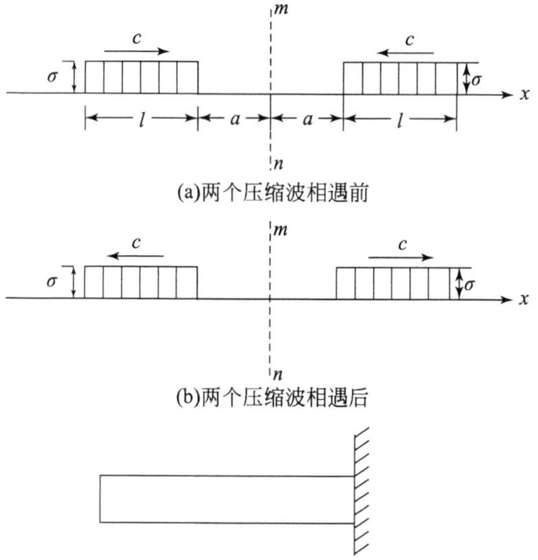

(a)两个压缩波相遇前

(b)两个压缩波相遇后

(c)*mn*截面

图 2.11　沿相反方向传播的压缩波

2.4　杆的纵向冲击

如果两个相同材料的杆以相同的速度 v 纵向相互碰撞，如图 2.12（a）所示，接触面 mn 在碰撞过程中不会移动（假设接触在杆端的整个表面上同时发生），并且两个相同的压缩波开始以相等的速度 c 沿两个杆传播。

波中质点速度与杆的初始速度相叠加，使波的区域静止。当波到达杆的自由端时（$t=l/c$），两个杆将被均匀压缩并处于静止状态。

然后，压缩波将从自由端反射成张力波，张力波将朝着接触面 mn 传播。在这些张力波中，质点速度大小等于 v，方向与压缩波方向相反，即朝着远离 mn 的方向传播。当张力波到达接触面时，杆将以等于其初始速度 v 的速度分离，朝着相反方向运动。

在这种情况下，冲击持续时间显然为 $2l/c$，而方程（2.45）中的压应力为 $v\sqrt{E\rho}$。现在考虑一个更一般的情况，当杆 1 和 2（图 2.12（b））以速度 v_1 和 v_2（$v_1>v_2$）移动时（假设接触在杆端的整个表面上同时发生）。在撞击瞬间，两个相同的压缩波开始沿着两个杆传播。相对于移动杆的无应力部分，质点的相应速度是相等的，并且在每个杆中都朝着接触表面远离。为了使两个杆上的质点在接触表面的绝对速度相等，这些速度的大小必须等于 $(v_1-v_2)/2$。

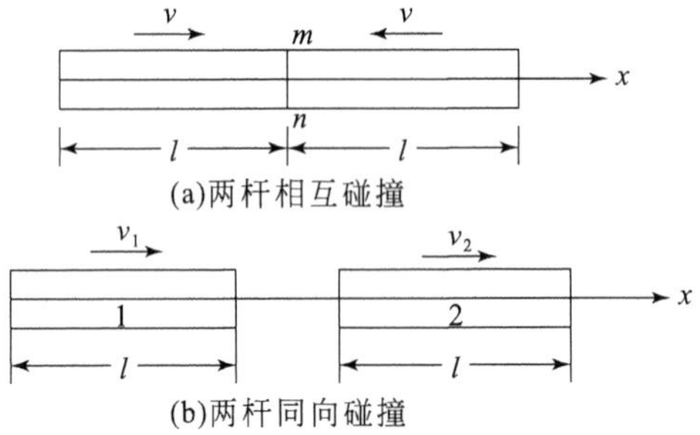

图 2.12　相同速度的两个杆相互碰撞示意图

经过时间间隔 l/c 后，压缩波到达杆的自由端，此时两个杆都处于均匀压缩状态，而杆上所有质点的绝对速度为

$$v_1-\frac{v_1-v_2}{2}=v_2+\frac{v_1-v_2}{2}=\frac{v_1+v_2}{2}$$

如果速度在 x 轴的方向上，则认为速度为正。

此时，压缩波将从自由端反射为张力波，在 $t=2l/c$ 时，当这些波到达两个杆的接触表面时，杆 1 和 2 的速度变为

$$\frac{v_1+v_2}{2}-\frac{v_1-v_2}{2}=v_2,\quad \frac{v_1+v_2}{2}+\frac{v_1-v_2}{2}=v_1$$

因此，在撞击过程中，杆会交换它们的速度。

如果上述两根杆的长度不同，分别为 l_1 和 l_2（图 2.13（a）），最初的碰撞条件将与前一情况相同。但在时间间隔 $2l_1/c$ 之后，当较短的杆 1 的反射波到达接触点 mn 的表面时，它沿着较长的杆通过接触表面传播，条件如图 2.13（b）所示。

杆的张力波 l_1 消除了杆之间的压力，但它们保持接触，直到较长杆中的压缩波（图 2.13（b）中阴影）在反射到接触表面后返回（在 $t=2l_1/c$ 时）。

若有两个相等长度的杆，每个杆在反弹后，在所有点上都具有相同的速度，并且像刚体一样移动。总能量是平移运动的能量。

对于不同长度的杆，较长的杆在反弹后，其中有一个行波，在计算杆的总能量时，必须考虑该波的能量。

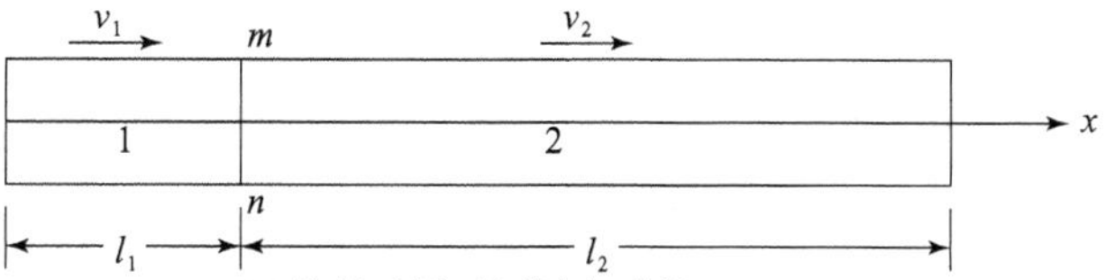

(a)长度不同两杆同向碰撞

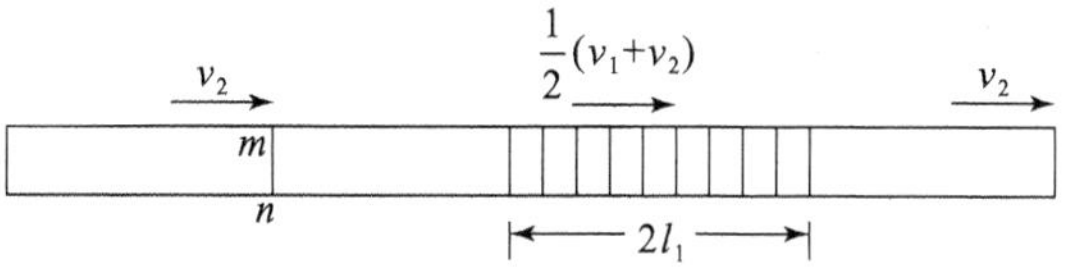

(b)长度不同两杆同向碰撞波传播情况

图 2.13　相同速度的两个不同长度杆相互碰撞示意图

2.5　应力波产生的破裂——有趣的霍普金森实验

19 世纪，在斯托克斯、泊松、瑞利、开尔文等科学家的推动下，固体中弹性波传播理论得到了发展。这一理论是对弹性理论的扩展，解决了固体振动的问题。此外，它在研究光的传输中也发挥了关键作用，当时的物理学家将光视为弹性介质中的振动形式。

然而，在 20 世纪上半叶，物理学家们在一定程度上忽视了这一主题。原因是，一方面原子物理学的发现带来了新领域的吸引力；另一方面，弹性波传播理论在许多方面领先于实验工作，因为当时尚没有可用的方法来观察实验室尺度上波的传播。

近年来对这一领域的研究兴趣显著复苏。原因如下：首先，由于电子技术的发展，可以轻松产生和检测高频弹性波，所以超声波迅速成为一个独立的研究领域；其次，新材料（如塑料）的发展激发了人们对不完全弹性固体力学行为理论的探索，而应力波为研究这些物质的力学性能提供了强有力的工具；最后，从工程角度来看，研究在非常高负载速率下固体的性质变得越来越重要，与大振幅和短持续时间的应力脉冲传播相关的问题自然而然地具有相当大的军事重要性。这些问题在第二次世界大战期间受到了密切关注，并推动了塑性波理论的发展。

1872 年，约翰·霍普金森发表了一篇有趣的实验报告，该报告中的相关解释有助于我们理解弹性波传播的性质及其在工程中的重要性。在这个实验中，霍普金森测量了钢丝突然被拉伸时的强度。这个实验设计了一个球形重物，上面有一个孔，被螺纹穿在钢丝上，然后从已知高度掉落，撞击连接在钢丝底部的夹子，如图 2.14 所示。对于给定的重物，我们预计会存在一个临界高度，当重物超过该高度下落时就会将断裂钢丝。

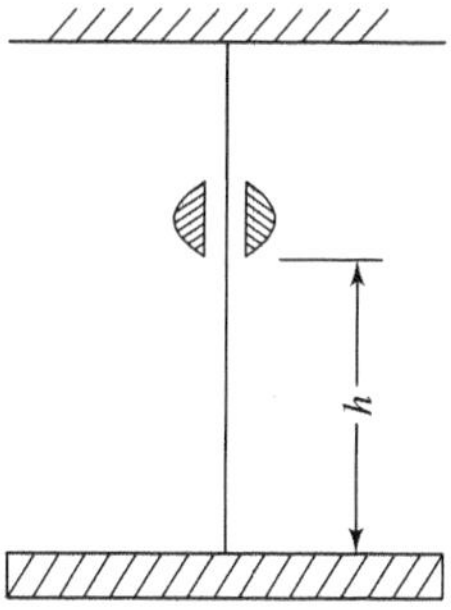

图 2.14　霍普金森实验的示意图

然而，霍普金森通过让不同重量的重物从不同高度落下，得到了显著的结果，即掉落的重物必须满足最小高度才能使金属丝断裂，几乎与其重量的大小无关。

霍普金森观察到，当不同重量的重物从相同高度落下时，末端达到的速度与重量大小无关。他的研究结果表明，在金属丝断裂的过程中，重要的是加载端的速度。在此基础上，霍普金森基于波传播的原理对这些实验结果给出了解释。

假设金属丝中的应力状态近似为一维，如图 2.15 所示。在这个理论中，每个节点的切片都被视为处于简单的拉伸状态，对应于轴向应变，其中 u 仅为 x 和 t 的函数

$$\sigma_x = E\frac{\partial u}{\partial x} \tag{2.47}$$

$x + \mathrm{d}x$

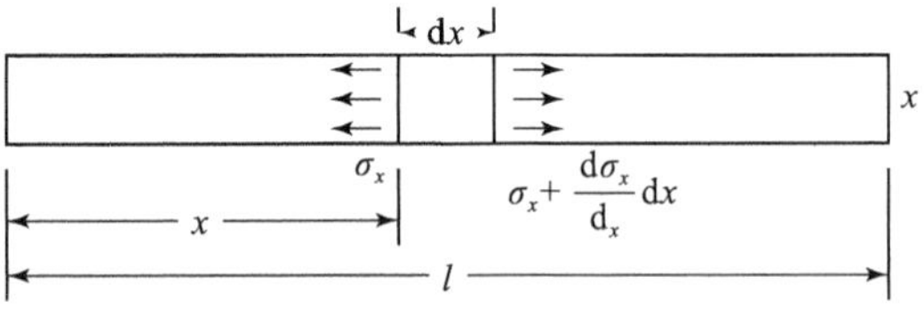

图 2.15　霍普金森杆的纵向振动

其他应力分量可以忽略不计。考虑一个最初位于 x 和 $x+\mathrm{d}x$ 之间的横截面的单元体，如图 2.15 所示，运动方程可简化为

$$\frac{\partial \sigma_x}{\partial x}\mathrm{d}x = \rho \mathrm{d}x\frac{\partial^2 u}{\partial x^2} \tag{2.48}$$

或

$$\frac{\partial^2 u}{\partial t^2} = c^2\frac{\partial^2 u}{\partial x^2} \tag{2.49}$$

当

$$c = \sqrt{\frac{E}{\rho}} \tag{2.50}$$

时，式（2.48）具有一般解：

$$u = f(x+ct) + f_1(x-ct)$$
$$u = 0$$
$$t = 0$$

其中，f 和 f_1 是两个任意函数：

$$u = f_1(x-ct)$$

所以

$$\frac{\partial u}{\partial x} = f_1',\quad \frac{\partial u}{\partial t} = \dot{u} - cf'$$

因此

$$f_1' = -\frac{\dot{u}}{c}$$

但

$$\sigma_x = E\frac{\partial u}{\partial x} = Ef_1' = -\frac{E\dot{u}}{c} = -\frac{Ec\dot{u}}{c^2} = (-Ec\dot{u})\left(\frac{\rho}{E}\right)$$

所以

$$\sigma_x = -\rho c\dot{u} \tag{2.51}$$

对于单独的f，向后传播有

$$\sigma_x = \rho c\dot{u} \tag{2.52}$$

其中，$c=\sqrt{E/\rho}$，是纵波的声速。对于铁杆，c 大约是 4877m/s。

请注意，$c=\sqrt{E/\rho}$，也称为基本速度。

然而，波中最大的质点速度并不是在刚刚发生的瞬间达到的，而是在波上下传播两次之后到达峰值。当这个最大的质点速度引起的应力等于金属丝的极限应力时，金属丝就会断裂。

在霍普金森的实验中，当重物击中夹具时，金属丝的末端获得了与重物和夹具相等的质点速度，张力波产生并向上传播。与此同时，重物和夹具在波施加的拉伸载荷下呈指数级减速：

$$M\frac{\mathrm{d}V}{\mathrm{d}t} = A\sigma_x = A\rho cV \tag{2.53}$$

其中，M 是重物和夹具的质量；V 是其速度；A 是波的横截面积。

弹性波在到达顶部的固定端时，以两倍于入射波强度的张力波形式反射。反射波穿过入射脉冲的尾部，然后在下端再次反射为压缩波，依此类推。

如果第一次反射时的应力足以破坏金属丝，那么断裂就会在顶部附近发生。在逐渐增加下降高度的系统测试中，这种情况并未发生。在乔 • 霍普金森的实验中，金属丝的头部能够在重物 M 充分减速之前多次穿越波的全长，这导致了金属丝中的应力波模式变得非常复杂。

乔 • 霍普金森于 1905 年在重新做他父亲的实验时，使用了较小重量的重物，因此衰变的速度很快。然而，乔 • 霍普金森实验中的最大拉伸应力并不是在第一次反射时出现的，而是在第三次反射，即金属丝顶部的第二次反射时出现的，这时拉伸应力达到 2.15 ρcV_0。

为了刻画其中的细节过程，我们必须确定方程（2.48）的函数 $f(x+ct)$ 和 $f_1(x-ct)$，以满足初始条件 $u=0$。在 $t=0$ 时，$\frac{\mathrm{d}u}{\mathrm{d}t}=0$，并且顶部的边界条件为 $u=0$，底部的边界条件为 $\frac{\mathrm{d}u}{\mathrm{d}t}=V$，其中 V 是砝码和夹具的速度。速度 V 由方程（2.53）确定。

乔 • 霍普金森在实验中发现，在快速加载条件下，钢丝的抗拉强度要远远高于在静态加载条件下的强度。这一发现强调了材料在不同加载速率下的动态响应，并表明在高速加载条件下，材料可能具有更强的抗拉性能。Taylor 给出了详细的解决方案和研究结果（Taylor, 1946）。

第3章　弹性固体中界面附近的波

3.1　界面附近是否存在第三种波？

3.1.1　瑞利面波

在第2章中，遵循胡克定律的各向同性均质介质中扰动的传播表示为无旋波（或纵波；对于平面波而言，它是平面纵波），速度为 c_1（$c_1=\sqrt{(\lambda+2G)/\rho}$）。等体积波（或横波，对于平面波也是横向波）的速度为 c_2（$c_2=\sqrt{G/\rho}$）。

即使波前存在质点速度和应力的不连续性，c_1 和 c_2 也是无限区域中唯一可能的波速（Love，2013）。

当存在自由边界（在两种介质之间的界面上）时，其他传播速度是可能的。“面波”可以出现，基本上只涉及界面附近层中的运动。它们类似于扔石头在光滑水面上引起的涟漪，也与携带高频交流电的导体中的“趋肤效应”密切相关。瑞利（Rayleigh）首次指出了一般方程中的面波解，进而预期了这一现象。对地震波记录的研究进一步支持了他的预期。

在离波源很远的地方，这些波产生的变形可视为二维的。在这个背景下，我们假设物体以平面 $y=0$ 为界。我们将 y 轴的正方向指向物体内部，将 x 轴的正方向指向波传播方向，通过纵波（方程（2.11））和横波（方程（2.2））得到了位移的表达式。

假设在这两种情况下 $w=0$，代表纵波方程（2.11）的解可以采用以下形式：

$$u_1=s\mathrm{e}^{-ry}\sin(pt-sx),\quad v_1=-r\mathrm{e}^{-ry}\cos(pt-sx) \tag{3.1}$$

其中，p、r 和 s 是常量。这些表达式中的指数因子表明，对于 r 的实际正值，波的振幅随着深度 y 的增加而迅速减小。三角函数的参数 $pt-sx$ 表明波在 x 方向上以 c_3 速度传播，则有

$$c_3=\frac{p}{x} \tag{3.2}$$

将式（3.1）代入方程（2.11），我们发现这些方程满足

$$r^2=s^2-\frac{\rho p^2}{\lambda+2G^{\omega}}$$

或者，通过使用符号表示法

$$\frac{\rho p^2}{\lambda+2G}=\frac{p^2}{c_1^2}=h^2 \tag{3.3}$$

我们有

$$r^2=s^2-h^2 \tag{3.4}$$

我们采用表示横波方程（2.2）的解，形式为

$$
\begin{aligned}
&u_2 = Ab\mathrm{e}^{-by}\sin(pt - sx)\\
&v_2 = -As\mathrm{e}^{-by}\cos(pt - sx)\\
&u = u_1 + u_2
\end{aligned}
\tag{3.5}
$$

其中，A 是常数，b 是正数。如果可以证明对应于位移（3.5）的体积膨胀为零，并且方程（2.2）满足以下条件

$$b^2 = s^2 - \frac{\rho p^2}{G}$$

或者，通过使用符号表示法

$$\frac{\rho p^2}{G} = \frac{p^2}{c_2^2} = k^2 \tag{3.6}$$

可得到

$$b^2 = s^2 - k^2 \tag{3.7}$$

结合解（3.1）和（3.5），取 $u = u_1 + u_2$，$v = v_1 + v_2$，我们现在确定常数 A，b，p，r，s，以满足边界条件。边界条件是什么？

如图 1.5 所示，作用在立方单元六个侧面的应力可以用六个应力分量来描述，即三个法向应力（即 σ_x，σ_y，σ_z）和三个剪切应力（即 $\tau_{xy} = \tau_{yx}$，$\tau_{xz} = \tau_{zx}$，$\tau_{yz} = \tau_{zy}$）。如果已知任何一点处的应力分量，则作用在通过该点的任何倾斜平面上的应力都可以由静力学方程计算出来。

3.1.2　过同一点的不同界面上应力向量之间的联系

设 O 是受力体的一个点，假设已知坐标平面 xy、yz、zx 的应力（图 3.1）。为了获取通过 O 点的任意倾斜平面的应力，我们在距离 O 一小段距离处取一个平行于其的平面 BCD，以便这个后者平面与坐标平面一起从主体中切出一个非常小的四面体 $BCDO$。由于应力在物体的体积上连续变化，作用在平面 BCD 上的应力将在使单元体无穷小的情况下趋近于通过 O 的平行平面上的应力。

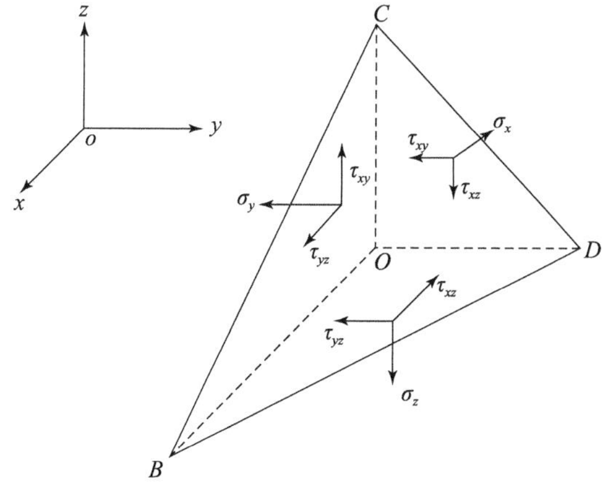

图 3.1　任意倾斜截面上的应力

在考虑元素四面体的平衡条件时，可以忽略体力。例如单元体的重量，因为在减小单元体的尺寸时，作用在其上的体力作为线性维度的立方减小，而表面力作为线性维度的平方减小。因此，对于非常小的单元体，体力是比表面力高阶的无穷小量，在计算力矩时可以省略。同样，由于法向力分布不均匀引起的力矩比由于剪切力引起的力矩更高，并且在极限中消失。

此外，由于单元非常小，可以忽略侧面应力的变化，并假设应力均匀分布。因此，作用在四面体上的力可以通过将应力分量乘以面的面积来确定。如果 S 表示四面体的面 BCD 的面积，则通过在三个坐标平面上投影 S 来获得其他三个面的面积。如果 N 是平面 BCD 的法线，记

$$\cos(N_x)=l,\quad \cos(N_y)=m,\quad \cos(N_z)=n \tag{3.8}$$

四面体其他三个面的面积分别表示为 S_l、S_m、S_n。如果我们用 x、y、z 表示作用在倾斜面 BCD 上的平行于坐标轴的三个应力分量，那么作用在 x 轴方向上的面 BCD 上的力分量是 S_x。此外，作用在四面体其他三个面上的 x 方向上的力分量是 $-Sl\sigma_x$，$-Sm\tau_{xy}$，$-Sn\tau_{xz}$。

四面体的对应方程为

$$Sz-Sl\sigma_x-Sm\tau_{xy}-Sn\tau_{xz}=0$$

以同样的方式，通过在 y 轴和 z 轴上投影力来获得另外两个平衡方程。当取消因子 S 后，可以写出四面体的平衡方程

$$\begin{cases} X=\sigma_x l+\tau_{xy}m+\tau_{xz}n \\ Y=\tau_{xy}l+\sigma_y m+\tau_{zy}n \\ Z=\tau_{xz}l+\tau_{yz}m+\sigma_z n \end{cases} \tag{3.9}$$

因此，任何平面上的应力分量由余弦 l、m、n 方向定义，可以很容易地由方程（3.9）计算出来，前提是知道点 σ_x、σ_y、σ_z、τ_{xy}、τ_{yz}、τ_{zx} 处的六个应力分量。

现在取一个四面体 $OBCD$，使侧面 BCD 与四面体表面重合，并用此时单位面积的表面力的分量表示，方程（3.9）变为

$$\begin{cases} \bar{X}=\sigma_x l+\tau_{xy}m+\tau_{xz}n \\ \bar{Y}=\tau_{xy}l+\sigma_y m+\tau_{zy}n \\ \bar{Z}=\tau_{xz}l+\tau_{yz}m+\sigma_z n \end{cases} \tag{3.10}$$

其中，l、m、n 是所考虑点处物体表面的外法线方向余弦。式（3.10）称为柯西公式。

如果问题是确定受到给定力作用的物体的应力状态，则必须解方程（1.24），并且解必须满足边界条件（3.10）。需要注意的是，方程（1.24）的推导过程是：先考虑一个弹性无穷小单元体，其尺寸为 dx、dy、dz（图 1.9（d）），然后将该单元体缩小到 x、y、z。因此，方程（1.24）必须在整个实体体积内的所有点上成立。

3.1.3　推导瑞利面波的边界条件

在大多数弹性问题中，边界条件可以分为以下两类：

（1）指定位移——在边界上规定了位移分量 u、v、w。

（2）指定的表面牵引力——在边界上分配了表面牵引力（即应力）分量。

在这种情况下提出的边界条件是：在边界的一部分上规定了位移，而在另一部分上规定了表面牵引力。在后一种情况下，可以使用胡克定律将边界条件转换为对 u、v、w 的一阶导数某种组合的规定值。

以这种方式提出的边界值问题是否有解，而且解是否唯一？

在这里，我们重申如下：首先，基于物理原理，我们是否期望有唯一解？其次，具体的数学问题是否有唯一解？在连续介质力学中，许多情况下我们并不期望存在唯一解。例如，当薄壳受到均匀外部压力时，且当压力达到特定值时，就可能出现屈曲现象，此时壳体可能呈现两种不同的变形形式。另外，我们对物理世界的日常认识中，绝大多数的因果关系都是独一无二的。因此，关于物理问题的数学公式，必须由偏微分方程来解答，方程的解要符合真实物理世界。

为了求解波动方程，不仅需要初始条件，还需要边界条件。因此，要确定常数 A，b，p，r，s，从而满足边界条件。物体的边界不受外力的影响，因此，对于 $y=0$，有 $\overline{Z}=0$ 和 $\overline{Y}=0$，即每单位面积的表面力为零。将其代入方程（3.10），并取 $l=n=0$，$m=-1$，可得到

$$\frac{\partial u}{\partial y}+\frac{\partial v}{\partial x}=0,\quad \lambda e+2\mathrm{G}\frac{\partial v}{\partial y}=0 \tag{3.11}$$

方程（3.11）中的第一个方程表示剪切应力为零，第二个方程表示物体表面的法向应力为零。将表达式（3.1）和（3.5）代入方程（3.11）中，记 $u=u_1+u_2$ 和 $v=v_1+v_2$，我们发现 $2rs+A(b^2+s^2)=0$，

$$\left(\frac{k^2}{h^2}-2\right)(r^2-s^2)+2(r^2+Abs)=0 \tag{3.12}$$

其中，$k^2/h^2-2=\lambda/G$，来自式（3.3）和式（3.6）。

从方程（3.12）中消除常数 S 并使用式（3.4）和式（3.7），我们得到

$$(2s^2-k^2)^2=4brs^2 \tag{3.13}$$

或使用式（3.4）和式（3.7），我们得到

$$\left(\frac{k^2}{s^2}-2\right)^4=16\left(1-\frac{h^2}{s^2}\right)\left(1-\frac{k^2}{s^2}\right)$$

通过使用式（3.3）、式（3.6）和式（3.2），该方程的所有量都可以用纵波的速度 c_1、横波的速度 c_2 和面波的速度 c_3 来表示，我们得到

$$\left(\frac{c_3^2}{c_2^2}-2\right)^4=16\left(1-\frac{c_3^2}{c_1^2}\right)\left(1-\frac{c_3^2}{c_2^2}\right) \tag{3.14}$$

使用

$$c_3/c_2=\alpha$$

并记为

$$c_2^2/c_1^2=(1-2\nu)/2(1-\nu)$$

式（3.14）变为

$$\alpha^6 - 8\alpha^4 + 8\left(3 - \frac{1-2\nu}{1-\nu}\right)\alpha^2 - 16\left[1 - \frac{1-2\nu}{2(1-\nu)}\right] = 0 \tag{3.15}$$

例如，以 $\nu = 0.25$ 为例，我们得到

$$3\alpha^6 - 24\alpha^4 + 56\alpha^2 - 32 = 0 \quad 或 \quad (\alpha^4 - 4)(3\alpha^4 - 12\alpha^2 + 8) = 0$$

这个方程的根是

$$\alpha^2 = 4, \quad \alpha^2 = 2 + \frac{2}{\sqrt{3}}, \quad \alpha^2 = 2 - \frac{2}{\sqrt{3}}$$

在这三个根中，只有最后一个满足方程（3.4）和（3.7）给出的 r^2 和 h^2 为正数的条件。因此，

$$c_3 = \alpha c_2 = 0.9194\sqrt{\frac{G}{\rho}}$$

作为极端情况，$\nu = 0.5$，方程（3.15）变为

$$\alpha^6 - 8\alpha^4 + 24\alpha^2 - 16 = 0$$

我们发现

$$c_3 = 0.9553\sqrt{\frac{G}{\rho}}$$

在这两种情况下，瑞利面波的速度都略小于通过物体传播的横波速度，可以轻松计算出 α，即物体表面水平和垂直位移幅度之间的比率。对于 $\nu = 0.25$，此比率为 0.681。

上述瑞利面波传播速度也可以通过考虑由两个平行平面限定的物体的振动来获得。注意：

$$u = u_1 + u_2 = s\mathrm{e}^{-ry}\sin(pt - sx) + Ab\mathrm{e}^{-by}\sin(pt - sx)$$

$$v = v_1 + v_2 = -r\mathrm{e}^{-ry}\cos(pt - sx) - As\mathrm{e}^{-by}\cos(pt - sx)$$

$$\begin{cases} \overline{X} = \sigma_x l + \tau_{xy} m + \tau_{xz} n \\ \overline{Y} = \tau_{xy} l + \sigma_y m + \tau_{zy} n \\ \overline{Z} = \tau_{xy} l + \tau_{yz} m + \sigma_z n \end{cases} \tag{3.16}$$

$$\begin{cases} X + \dfrac{\partial \sigma_x}{\partial x} + \dfrac{\partial \tau_{xy}}{\partial y} + \dfrac{\partial \tau_{xz}}{\partial z} = 0 \\ Y + \dfrac{\partial \sigma_{xy}}{\partial x} + \dfrac{\partial \tau_{xy}}{\partial y} + \dfrac{\partial \tau_{yz}}{\partial z} = 0 \\ Z + \dfrac{\partial \sigma_{zx}}{\partial x} + \dfrac{\partial \tau_{yz}}{\partial y} + \dfrac{\partial \tau_{z}}{\partial z} = 0 \end{cases} \tag{3.17}$$

$$\begin{cases} \sigma_x = \lambda e + 2G\epsilon_x \\ \sigma_y = \lambda e + 2G\epsilon_y \\ \sigma_z = \lambda e + 2G\epsilon_z \end{cases} \tag{3.18}$$

其中，

$$e = \epsilon_x + \epsilon_y + \epsilon_z$$

所以

$$
\begin{aligned}
\overline{X} &= \sigma_x l + \tau_{xy} m + \tau_{xz} n_x \\
&= (\lambda \mathrm{e} + 2G\epsilon_x) l + \tau_{xy} m + \tau_{xz} n \\
&= (\lambda \mathrm{e} + 2G\epsilon_x) l + G\gamma_{xy} m + G\gamma_{xz} n \\
&= \lambda e l + 2G\frac{\partial u}{\partial x} l + G\left(\frac{\partial u}{\partial y} + \frac{\partial v}{\partial x}\right) m + G\left(\frac{\partial u}{\partial z} + \frac{\partial w}{\partial x}\right) n \\
&= \lambda\left(\frac{\partial u}{\partial x} + \frac{\partial v}{\partial y} + \frac{\partial w}{\partial z}\right) l + 2G\frac{\partial u}{\partial x} l + G\left(\frac{\partial u}{\partial y} + \frac{\partial v}{\partial x}\right) m + G\left(\frac{\partial u}{\partial z} + \frac{\partial w}{\partial x}\right) n
\end{aligned}
$$

因为

$$
l = 0, n = 0, m = -1, \quad y = 0, \overline{X} = 0, \overline{Y} = 0 \quad \text{(自由表面)}
$$

所以

$$
\frac{\partial u}{\partial y} + \frac{\partial v}{\partial x} = 0
$$

且

$$
\sigma_y = \lambda e + 2G\epsilon_y = \lambda e + 2G\frac{\partial v}{\partial y} = 0
$$

$$
\frac{\partial u}{\partial y} = (-r)s\mathrm{e}^{-ry}\sin(pt - sx) + (-b)Ab\mathrm{e}^{-by}\sin(Pt - sx)
$$

$$
\frac{\partial v}{\partial x} = (-s)(-r\mathrm{e}^{-ry})(-1)\sin(pt - sx) - (-s)As\mathrm{e}^{-by}(-1)\sin(pt - sx)
$$

所以

$$
\frac{\partial u}{\partial y} = -rs\mathrm{e}^{-ry}\sin(pt - sx) - Ab^2\mathrm{e}^{-by}\sin(pt - sx)
$$

$$
\frac{\partial v}{\partial x} = -sr\mathrm{e}^{-ry}\sin(pt - sx) - As^2\mathrm{e}^{-by}\sin(pt - sx)
$$

然后，当 y=0 时，

$$
0 = \frac{\partial u}{\partial y} + \frac{\partial v}{\partial x} = -rs - Ab^2 - sr - As^2
$$

所以

$$
2rs + A(b^2 + s^2) = 0 \tag{3.19}
$$

类似地，也可以按照相同的步骤获得式（3.19）中的第二个表达式：

$$
\left(\frac{k^2}{h^2} - 2\right)(r^2 - s^2) + 2(r^2 + Abs) = 0
$$

瑞利认为，由于这些面波（后面被称为瑞利面波）仅在二维空间中传播，因此与弹性体波相比，它们在距离上的衰减更慢，因此在地震现象中可能具有重要意义。事实上，这在天然地震发生时观测到的地震记录中得到了很大程度的证实。这些地震记录显示了三组独立的波：最先到达的是振动主要沿传播方向，且传播速度最高的纵波；接着是横波，其运动方向主要是横向的；最后是振幅相对较大的面波。如果最后一组由纯粹的瑞利波组成，应该同时具有垂直和水平分量，而垂直分量通常占主导地位。然而，在实践中，垂直分量有时完全不存在。

3.1.4　勒夫波与斯通莱波

对于瑞利波，水平分量的振动方向应该与传播方向平行。然而，实际上经常观察到水平分量与波前平行。勒夫提出可以通过假设地球外层的弹性和密度与内部不同来解释这些波（Love，1911）。他证明了在这样的外层中可以传播横波而不会渗透到内部。这种类型的波被称为勒夫波（Love wave）。

Stoneley（1924）探讨了在两种固体介质分离表面的弹性波的更一般性问题，表明类似于瑞利波的波将在介质中传播，两种情况下振幅都在分离表面达到最大。Stoneley 还研究了一种广义类型的勒夫波，该波沿着一个内部层传播，该层两侧被与其弹性特性不同的深层材料包围，这种波被称为斯通莱波（Stoneley wave）。

3.2　弹性波在自由边界的反射和折射

3.2.1　弹性波在自由界面的反射

前文已提及有两种类型的弹性波可以通过固体介质传播。当任一类型的波传播到两种固体介质之间的边界时，都会发生反射和折射现象。在最一般的情况下，可产生四个独立的波。

自由表面在理想情况下是界面一侧为真空中的表面，不会有折射波；实际情况中，一般认为界面一侧的密度与界面另一侧的密度相比可以忽略，近似为自由表面，比如地球表面。首先，我们将证明，当一个平面纵波在自由表面反射时，若仅假设有一个反射纵波，则无法满足边界条件。然后，我们将继续确定反射横波的振幅和方向，以满足这些条件的要求。我们将假设入射纵波的传播方向在 xy 平面内，与 x 轴成角度 α_1，并将自由边界视为如图 3.2 所示的 yz 位置。

如果我们考虑一个简谐波，其中垂直于波前的位移采用 Φ_1 表示，

$$\Phi_1 = A_1 \sin(pt - f_1 x + g_1 y) \tag{3.20}$$

当波是 A_1 的分量时，

$$f_1 = \frac{p\cos\alpha_1}{c_1},\quad g_1 = \frac{p\sin\alpha_1}{c_1} \tag{3.21}$$

其中，c_1 是纵波的速度。这里认为波沿 x 和 y 递减的方向行进。如果 u_1 和 v_1 分别是这个波对 x 和 y 方向的位移，我们有

$$u_1 = \Phi_1 \cos\alpha_1,\quad v_1 = \Phi_1 \sin\alpha_1 \tag{3.22}$$

现在，如果纵波以与 x 轴成 α_2 角反射，并且其垂直于波前的位移为 Φ_2，则有

$$\Phi_2 = A_2 \sin(pt - f_2 x + g_2 y + \delta_1) \tag{3.23}$$

这里

$$f_2 = \frac{p\cos\alpha_2}{c_1}, \quad g_2 = \frac{p\sin\alpha_2}{c_1} \tag{3.24}$$

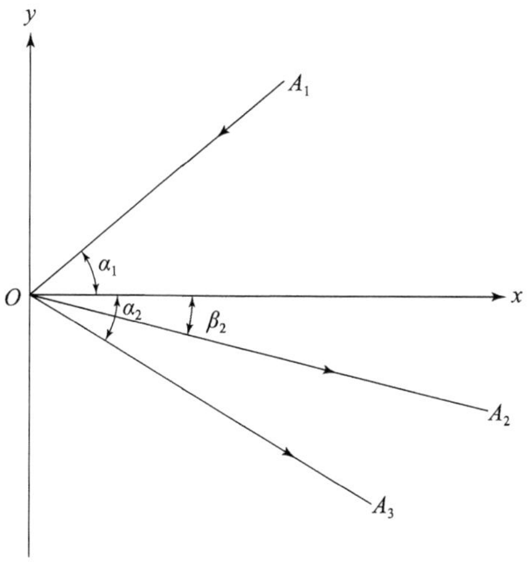

图 3.2　自由边界处入射纵波的反射

A_2 为反射转换横波，A_3 为反射纵波

其中，δ_1 是常数，允许波在反射时发生任何变化；A_2 是振幅。如果 u_2 和 v_2 代表反射波产生的位移，则有

$$u_2 = -\Phi_2\cos\alpha_2, \quad v_2 = \Phi_2\sin\alpha_2 \tag{3.25}$$

现在，在自由边界（x=0）处，对于所有 y 和 t 的值，σ_x 和 τ_{yx} 必须为零。如果用 u 和 v 分别表示在入射波和反射波综合作用下产生的质点位移，由式（3.18）和式（1.18），有

$$\begin{aligned} \sigma_x &= \lambda e + 2G\frac{\partial u}{\partial x} \\ \tau_{yx} &= G\left(\frac{\partial u}{\partial y} + \frac{\partial v}{\partial x}\right) \end{aligned} \tag{3.26}$$

注意：因为已经假设在 z 方向上没有位移，e 将由 $e = \epsilon_x + \epsilon_y = \dfrac{\partial u}{\partial x} + \dfrac{\partial v}{\partial y}$ 得到。如果用 $(u_1 + u_2)$ 代替 u，用 $(v_1 + v_2)$ 代替 v，在区分项后，我们有

$$\sigma_x = [\lambda(f_1\cos\alpha_1 + g_1\sin\alpha_1) + 2Gf_1\cos\alpha_1]\Phi_1' + [\lambda(f_2\cos\alpha_2 + g_2\sin\alpha_2) + 2Gf_2\cos\alpha_2]\Phi_2' \tag{3.27}$$

其中，

$$\Phi_1' = A_1\cos(pt + f_1x + g_1y), \quad \Phi_2' = A_2\cos(pt - f_2x + g_2y + \delta_1) \tag{3.28}$$

替换 f_1, f_2, g_1 和 g_2，并化简为

$$\sigma_x = \frac{p}{c_1}[(\lambda + 2G\cos^2\alpha_1)\Phi_1' + (\lambda + 2G\cos^2\alpha_2)\Phi_2'] \tag{3.29}$$

在 $x = 0$ 的边界处，$\sigma_x = 0$，因此当代入 Φ_1' 和 Φ_2' 时，我们得到

只有当 $g_1 = g_2$（即 $\alpha_1 = \alpha_2$）且 $\delta_1 = 0$ 和 $A_1 = -A_2$，或 $\delta_1 = \pi$ 且 $A_1 = A_2$ 时，该方程才能满

足 y 和 t 的所有值，这两个解是等价的，并且对应于 π 在反射时的相位变化。

如果考虑第二个条件，即边界上不应该有剪切应力，并以同样的方式在 τ_{yx} 的表达式中代入 u 和 v，我们有

$$\tau_{yx} = G\left[\frac{\partial}{\partial x}\left(\Phi_1 \sin\alpha_1 + \Phi_2 \sin\alpha_2\right) + \frac{\partial}{\partial y}\left(\Phi_1 \cos\alpha_1 - \Phi_2 \cos\alpha_2\right)\right] \tag{3.30}$$

在边界（x=0）处得到

$$\tau_{yx} = \frac{pG}{c_1}[A_1 \sin 2\alpha_1 \cos(pt + g_1 y) - A_2 \sin 2\alpha_2 \cos(pt + g_2 y)] \tag{3.31}$$

如果在 σ_x 为零的条件下，这个表达式不是恒等于零，那么只有一个反射纵波，就不能同时满足两个边界条件，即不受剪切应力和法向应力的影响。然而，如果我们假设另外还产生一个反射横波，那么两个边界条件都可以得到满足。如图 3.2 所示，使反射横波的方向与法线成角度 β_2，并使其产生的位移为 Φ_3，则

$$\Phi_3 = A_3 \sin(pt - f_3 x + g_3 y + \delta_2) \tag{3.32}$$

$$\text{当}\ f_3 = \frac{p\cos\beta_2}{c_2} \quad \text{且} \quad g_3 = \frac{p\sin\beta_2}{c_2} \tag{3.33}$$

其中，c_2 代表横波传播的速度，而 δ_2 表示在反射时发生的任何相位变化。该剪切波的振动将是横向的，因为我们假设在 z 方向上没有运动，振动必须发生在 xy 平面。如果将这个波对 u 和 v 位移的贡献表示为 u_3 和 v_3，那么有

$$u_3 = \Phi_3 \sin\beta_2 \quad \text{且} \quad v_3 = \Phi_3 \sin\beta_2 \tag{3.34}$$

现在让我们假设 τ_{yx} 在边界（x=0）处为零，这意味着

$$\frac{\partial u}{\partial y} + \frac{\partial v}{\partial x} = 0$$

当 u 是 $u_1 + u_2 + u_3$，v 是 $v_1 + v_2 + v_3$ 时，代入 u 和 v，并进行微分，我们得到

$$(f_1 \sin\alpha_1 + g_1 \cos\alpha_1)\Phi_1' - (f_2 \sin\alpha_2 + g_2 \cos\alpha_2)\Phi_2' - (f_3 \sin\alpha_3 + g_3 \cos\alpha_3)\Phi_3' = 0 \tag{3.35}$$

代入 f_1 和 f_2 的表达式，并代入 Φ_1'、Φ_2' 和 Φ_3' 的值，在 x=0 时，得到

$$\begin{aligned}&\frac{A_1}{c_1} p\sin 2\alpha_1 \cos(pt + g_1 y) - \frac{A_2}{c_1} p\sin 2\alpha_2 \cos(pt + g_2 y + \delta_1)\\&- \frac{A_3}{c_2} p\cos 2\beta_2 \cos(pt + g_3 y + \delta_2) = 0\end{aligned} \tag{3.36}$$

这只能通过假设 $g_1 = g_2 = g_3$ 来满足 y 和 t 的所有值，并且

$$\frac{\sin\alpha_1}{c_1} = \frac{\sin\alpha_2}{c_1} = \frac{\sin\beta_2}{c_2} \tag{3.37}$$

因此

$$\alpha_1 = \alpha_2 \quad \text{且} \quad \frac{\sin\alpha_1}{\sin\beta_2} = \frac{c_1}{c_2} \tag{3.38}$$

因此，横波以入射角反射，而横波以类似于光反射的角度反射。折射率是纵波和横波速度的比率，因此有 $\sqrt{(2 + \lambda / G)}$。

我们还必须使 δ_1 和 δ_2 等于零或 π，取零值时，代入 c_1/c_2 后振幅之间关系变为

$$2(A_1 - A_2)\cos\alpha_1 \sin\beta_2 - A_3 \cos 2\beta_2 = 0 \tag{3.39}$$

现在我们可以看看边界上法向应力为零的条件是否也能得到满足。我们得到

$$\sigma_x = \lambda \mathrm{e} + 2G\epsilon_x = \lambda(\epsilon_x + \epsilon_y + \epsilon_z) + 2G\epsilon_x = (\lambda + 2G)\frac{\partial u}{\partial x} + \frac{\partial v}{\partial y}$$

这在 x=0 处给出，代入 $u = u_1 + u_2 + u_3$ 和 $v = v_1 + v_2 + v_3$，则有

$$\sigma_x = \frac{A_1}{c_1} p(\lambda + 2G\cos^2\alpha_1)\cos(pt + g_1 y) + \frac{A_2}{c_1} p(\lambda + 2G\cos^2\alpha_1)\cos(pt + \sigma_2 y + \delta_1) \tag{3.40}$$

$$-\frac{A_3}{c_2} p(\mathrm{G}\sin 2\beta_2)\cos(pt + g_3 y + \sigma_2)$$

当 $g_1 = g_2 = g_3$ 且 $\delta_1 = \delta_2 = 0$ 时，对于任意 y 和 t，如果满足条件

$$(A_1 + A_2)(\lambda + 2G\cos^2\alpha_1) - A_3 \frac{c_1}{c_2} G\sin 2\beta_2 = 0 \tag{3.41}$$

则保持振幅大小。将 λ 和 G 代入上式，可得

$$\frac{\lambda + 2G}{G} = \frac{c_1^2}{c_2^2} = \frac{\sin^2\alpha_1}{\sin^2\beta_2}$$

这种关系可以写成

$$(A_1 + A_2)\cos 2\beta_2 \sin\alpha_1 - A_3 \sin\beta_2 \sin 2\beta_2 = 0 \tag{3.42}$$

从式（3.38）和式（3.41）中可以得到两个反射波的振幅。由于这些方程适用于任何频率的波，它们也适用于任意形状的波。

应当注意，在正常入射时（A_3=0），没有反射的横波。反射纵波的振幅等于入射波的振幅，并在边界反射时产生 π 的相位变化。

在矢量场论中，通量是一个描述矢量场穿过某个表面的物理量。对于弹性波场来说，某个弹性矢量场和某个有向曲面，如果弹性矢量场中的矢量线穿过曲面并按照给定的方向，则可以定义一个通量。对于纵波，单位时间内经过某一单位表面积的能量，称为纵波通量；同理，对于横波，则有单位时间内通过某一单位面积的能量，称为横波通量。应当注意，横波的能量通量小于具有相同位移幅度的纵波的能量通量。能量和通量的比率为 c_2/c_1，由于横波的反射角度小于入射角度，横波的反射光束宽度将大于纵波的入射光束宽度，因此能量密度较低。当考虑这两个因素时，可以证明两个反射波的能量之和等于入射纵波的能量。

接下来，我们研究横波在自由边界上的反射特性。和以前一样，我们有一个平行于 xy 平面传播的平面波，入射到 yz 平面的自由边界上。我们取入射角为 β_1'，如图 3.3 所示。

为了解决这个问题，有必要指定波的振动方向。由任何横波引起的位移可以认为是由两个分量波的叠加产生的，它们两个的振动方向互相垂直。因此，确定振动平行于 z 轴的波的反射条件和振动方向垂直于此波的反射条件是足够的。然后，可以通过组合结果来找到任何其他振动方向的条件。

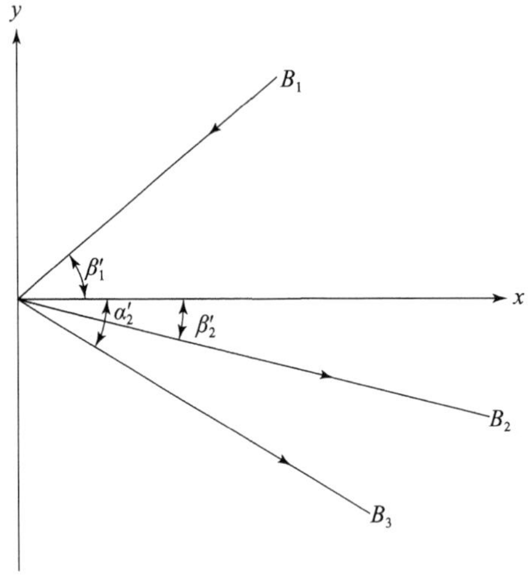

图 3.3　自由边界处入射横波的反射

要满足的边界条件为

$$\sigma_x = 0,\ \tau_{yx} = 0,\ \tau_{zx} = 0,\ \text{此时}\ x = 0$$

对于振动方向平行于 z 轴的波，由于在 x 方向和 y 方向上都不存在运动，所以 $u = 0$ 和 $v = 0$ 。由此可知，当振幅相等、相位相反的横波在反射时，会以与入射角相等的角度进行反射，并且满足边界条件，同时不会产生纵波。对于振动方向垂直于 z 轴的横波，处理方法类似于之前所描述的入射纵波。因为在 z 方向上没有运动，所以在边界处的相关条件为 $\sigma_x = 0$ 和 $\tau_{yx} = 0$ ，经分析发现只有假设纵波和横波都被反射，才能满足这些条件。

横波以等于入射角的角度反射，而纵波以 α_2' 角反射，其中

$$\frac{\sin\alpha_2'}{\sin\beta_1'} = \frac{c_1}{c_2}$$

如果入射横波的振幅为 B_1，反射横波的振幅为 B_2，反射纵波的振幅为 B_3，则在 x=0 处 $\sigma_x = 0$ 的条件导致

$$(B_1 + B_2)\sin 2\beta_1' \sin\beta_1' - B_3 \sin\alpha_2' \cos 2\beta_1' = 0 \tag{3.43}$$

若 $\tau_{xy} = 0$ ，则当 x=0 时，有

$$(B_1 - B_2)\cos 2\beta_1' - 2B_3 \sin\beta_1' \cot\alpha_2' = 0 \tag{3.44}$$

从这两个方程中可以找到任何入射角的 B_2/B_1 和 B_3/B_1，并且可以看出，在正入射角（ $\beta_1' = 0$ ）时，B_3=0，并且没有纵波被反射。

在两种介质之间的界面处反射和折射的情况如何？

如前所述，当弹性波的任一类型达到无滑移边界时，通常会产生四个波，其中两个波被折射到第二种介质中，而另外两个波则被反射回去。这个问题的处理与之前描述的在自由边界反射的情况相似，因此这里不再详细讨论。

Knott（1899）、Zoeppritz（1919）、MacElwane（1936）和 Sohon（1936）详细讨论了两个介质之间的平面边界上的反射和折射的一般情况。

在界面上，现在有四个独立的边界条件。这要求在边界的两侧，以下四个量必须相等。

（i）法向位移（$u_1 = u_2$）；

（ii）切向位移（$v_1 = v_2, w_1 = w_2$）；

（iii）法向应变（${}_1\sigma_x = {}_2\sigma_x$）；

（iv）切向应变（${}_1\tau_{yx} = {}_2\tau_{yx}$）。

在这种情况下，每个位移来自五个贡献（一个来自入射波，两个来自反射波，两个来自折射波）。我们考虑一个在 xy 平面传播的波，并将 yz 平面视为界面，四个边界条件可以表述为：

（1）$\sum u_a = \sum u_b$；

（2）$\sum v_a = \sum v_b$ 且 $\sum w_a = \sum w_b$；

（3）$\sum (\sigma_x)_a = \sum (\sigma_x)_b$ 。

或者，将式（3-13）、式（3.18）和式（1.18）的位移代入，可得

$$\sum \left(\lambda e + 2G \frac{\partial u}{\partial x} \right)_a = \sum \left(\lambda e + 2G \frac{\partial u}{\partial x} \right)_b$$

（4）$\sum (\tau_{yx})_a = \sum (\tau_{yx})_b$且$\nabla(\tau_{zx})_a = \sum (\tau_{zx})_b$，即

$$\sum \left[G\left(\frac{\partial v}{\partial x} + \frac{\partial u}{\partial y} \right) \right]_a = \sum \left[G\left(\frac{\partial v}{\partial x} + \frac{\partial u}{\partial y} \right) \right]_b$$

且

$$\sum \left[G\left(\frac{\partial w}{\partial x} + \frac{\partial u}{\partial z} \right) \right]_a = \sum \left[G\left(\frac{\partial w}{\partial x} + \frac{\partial u}{\partial z} \right) \right]_b$$

这里，第一介质中的应力和应变分量用后缀 a 表示，而第二介质中的应力和应力分量用后缀 b 表示，上述边界条件适用于平面 x=0。

3.2.2　弹性波在自由界面的折射

考虑平行于 xy 平面的纵波，以角度 α_1 入射在边界上，并使纵波反射的角度分别为 α_2 和 α_3，而横波分别以角度 β_2 和 β_3 反射，如图 3.4 所示。研究发现，惠更斯原理可以应用于这些波，换句话说，任意时刻的波前都位于之前时刻从波前上的点发出的一系列球形波阵列的包络上（MacElwane，1936）。

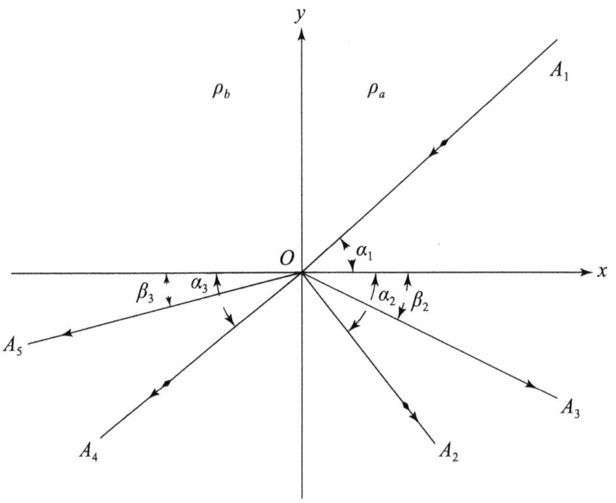

图 3.4　入射纵波在平面界面的反射和折射

第 4 章　弹性应力波的线性化理论

尽管可以确定由非线性理论控制的一维问题的解决方案，但往往存在相当复杂的问题。然而，当理论近似线性化时，这些复杂情况通常会消失。因此，分析弹性材料中有限应力波的传播需要克服一些具有挑战性的数学难题。正是由于这些难题的解决，我们才有了大量关于非线性动态弹性的结果。关于非线性弹性波传播的研究大致可分为四类，即：①传播奇异曲面的研究；②边值-初值问题的简单波解；③传播稳态冲击的研究；④用渐近方法分析周期波。

线性化理论适用于标准数学方法，此时叠加原理适用。由于线性方程描述的现象在直觉上也更容易理解，因此在线性化方程的基础上对问题进行分析，通常会对实际物理情况有全面的了解。另外，我们必须始终确保线性化的基础假设得到满足，因为小的非线性有时会对从线性化理论获得的结果产生显著的影响。

可以证明存在理论线性化的条件：在一维问题中，外部扰动的变化率必须满足条件 $\left|\dfrac{\partial u}{\partial x}\right| \ll 1$，以便通过一个可计算的线性化理论来描述运动。当问题完全线性化时，运动的物质和空间描述之间的区别完全消失。因此，在式（3.18）中，对于一维情况，我们有

$$\sigma_x = (\lambda + 2G)\frac{\partial u}{\partial x} \tag{4.1}$$

应力与位移之间的关系可以写成

$$\frac{\partial \sigma_x}{\partial x} = \rho \frac{\partial^2 u}{\partial t^2} \tag{4.2}$$

其中，ρ 是质量密度。将式（4.1）代入式（4.2），可得波动方程

$$\frac{\partial^2 u}{\partial x^2} = \frac{1}{c_1^2}\frac{\partial^2 u}{\partial t^2} \tag{4.3}$$

其中

$$c_1^2 = \frac{\lambda + 2G}{\rho} \tag{4.4}$$

4.1　示例 1：均匀各向同性介质的瞬态波

通过在最初未受干扰的、均匀的、各向同性的弹性半空间中施加空间均匀的表面压力 $p(t)$ 产生的波动可以作为线性化理论中瞬态波传播的许多特征的简单例子。假设半空间由 $x \geqslant 20$ 定义，如图 4.1 所示。

用 $\sigma_x(x,t)$ 表示 x 方向上的法向应力，在边界处有 $x=0$，则

$$\sigma_x = -p(t), \quad p(t) = 0, \quad t < 0 \tag{4.5}$$

其他应力分量在 x=0 时为零。任何平行于 x 轴的平面显然都是一个平面，因此，横向位移是不可能的。由于半空间的运动由 x 方向上的位移 u（x, t）描述，所以该位移仅是 x 和 t 的函数。由于半空间显然处于一维变形的状态，因此半空间的变形完全由单一应变分量来描述，即

$$\epsilon_x = \frac{\partial u}{\partial x} \tag{4.6}$$

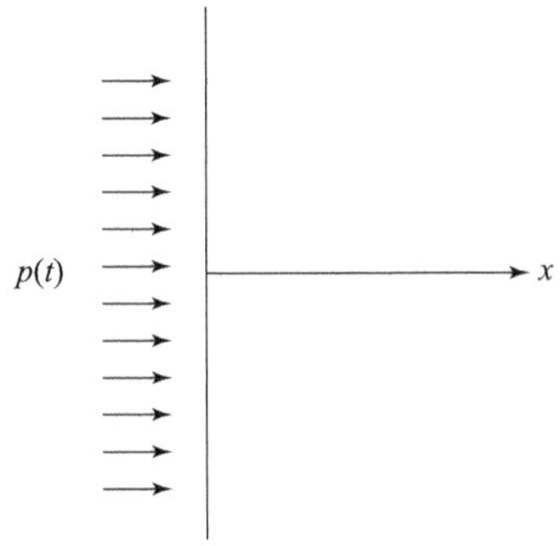

图 4.1　受到表面牵引的半空间

因此，我们称半空间处于一维纵向应变状态。根据式（4.1），在一维情况下，应力和应变之间的关系为

$$\sigma_x = (\lambda + 2G)\frac{\partial u}{\partial x} \tag{4.7}$$

根据式（4.3），位移运动方程表示为

$$\frac{\partial^2 u}{\partial x^2} = \frac{1}{c_1^2}\frac{\partial^2 u}{\partial t^2} \tag{4.8}$$

其中，c_1 由式（4.4）定义。假设半空间在时间 t=0 之前处于静止状态，则式（4.5）和式（4.8）需要加上初始条件

$$u = \dot{u} = 0, \quad t=0, x>0 \tag{4.9}$$

式（4.8）的一般解来自式（2.16），即

$$u(x,t) = f(x + c_1 t) + f_1(x - c_1 t) \tag{4.10}$$

式（4.10）可写为

$$u(x,t) = f\left(t - \frac{x}{c_1}\right) + g\left(t + \frac{x}{c_1}\right) \tag{4.11}$$

尽管直观上表面压力 $p(t)$ 只会产生沿着正 x 方向传播的波，但我们不会在先验上丢弃函数 $g\left(t + \frac{x}{c_1}\right)$，而是采用一种严格的数学方法。因此，利用方程（4.11）的完整形式，并结合初始条件，即方程（4.9），可以得到在 $x>0$ 时，有

$$f\left(-\frac{x}{c_1}\right) + g\left(\frac{x}{c_1}\right) = 0 \tag{4.12}$$

$$f'\left(-\frac{x}{c_1}\right)+g'\left(\frac{x}{c_1}\right)=0 \tag{4.13}$$

其中上标撇号表示关于自变量的微分。这些方程的解为

$$f\left(-\frac{x}{c_1}\right)=-g\left(\frac{x}{c_1}\right)=A,\quad x>0 \tag{4.14}$$

其中，A 是常量。

由于 $t+\dfrac{x}{c_1}$ 对于 $t\geqslant 0$ 和 $x>0$ 总是为正，因此式（4.11）满足初始条件，可以减少到

$$u(x,t)=\begin{cases} f\left(t-\dfrac{x}{c_i}\right)-A, & t>\dfrac{x}{c_1} \\ 0, & t<\dfrac{x}{G_1} \end{cases} \tag{4.15}$$

该解满足初始条件。这表明，一个将扰动区域与未扰动区域分开的波前以速度 c_1 穿过材料传播。位于 $x=\overline{x}$ 的粒子在 $t=\overline{t}=\dfrac{\overline{x}}{c_1}$ 之前保持静止。

根据式（4.7）和式（4.15）得到 x=0 处的边界条件：

$$-\left(\frac{\lambda+2G}{c_1}\right)f'(t)=-p(t)$$

关于该方程 $f\left(t-\dfrac{x}{q}\right)$ 的积分如下：

$$f\left(t-\frac{x}{c_1}\right)=\frac{c_1}{\lambda+2G}\int_0^{t-\frac{x}{c_1}}p(R)\mathrm{d}R+B \tag{4.16}$$

其中，B 是一个常数。

根据方程（4.5），当 $A<0$ 时，函数 $p(R)$ 恒等于零，因此，在 $t<x/c_1$ 时，对 $p(R)$ 的积分消失。为了使方程（4.16）与（4.14）一致，我们应该假设 $B=A$。此时，结合式（4.15），位移方程（4.16）的表达式变为

$$u(x,t)=\frac{c_1}{\lambda+2G}\int_0^{t-\frac{x}{c_1}}p(R)\mathrm{d}R \tag{4.17}$$

相应的法向应力 $\sigma_x(x,t)$ 表达形式与式（4.7）类似，将式（4.17）代入式（4.7），得出

$$\sigma_x=-p\left(t-\frac{x}{c_1}\right) \tag{4.18}$$

在横向方向上，由 σ_y 和 σ_z 表示的法向应力可以计算如下：

$$\sigma_y=\sigma_z=-\left(\frac{\lambda}{\lambda+2G}\right)p\left(t-\frac{x}{c_1}\right) \tag{4.19}$$

注意：$\sigma_y=\lambda e+2G\epsilon_y=\lambda\dfrac{\partial u}{\partial x}=\dfrac{\lambda}{x+2G}\sigma_x$。

在 $u(x,t)$ 和 $\sigma_x(x,t)$ 的表达式中，应该考虑到式（4.5），当 $t \leqslant 0$ 时，$p(t)=0$。

位移和应力的解表明，表面压力产生扰动，以速度 c_1 传播到半空间，位于 $x=\bar{x}$ 处的质点保持静止状态，直到时间 $\bar{t}=\dfrac{\bar{x}}{c_1}$，当波前到达时，将半空间的受扰部分与未受扰部分分离。$x=\bar{x}$ 处的法向应力为压缩应力，其值为自变量 $t-\dfrac{\bar{x}}{c_1}$ 对应的外部压力。位移与面积成比例，面积可用参数 0 和 $t-\dfrac{\bar{x}}{c_1}$ 之间的外部压力曲线下的部分表示。位移和应力描述了瞬态波动。应该注意的是，对于这个简单的问题，应力脉冲的形状在传播过程中保持不变。

利用式（4.17），计算质点速度为

$$\dot{u}=\frac{c_1}{\lambda+2G}p\left(t-\frac{x}{c_1}\right) \tag{4.20}$$

显然，对于沿 x 轴正方向传播的波，应力 $\sigma_x(x,t)$ 和质点速度 $\dot{u}(x,t)$ 通过下式相关

$$\sigma_x=-\rho_{c_1}\dot{u} \tag{4.21}$$

在这种情况下，应力的速率和分速度的组合称为机械阻抗（PG），是一个材料常数。由于它是测量产生运动所需的应力，因此通常称为材料的波阻力。

4.2　示例 2：一维纵向拉伸中的波

对由一维拉伸应力引起的波动，其中，纵向法向应力，比如 σ_x，是仅关于 x 和 t 的函数，并且是唯一的非零应力分量，而所有其他应力分量均为零，此时只有纵波产生。在这种一维应力下，元件的变形如图 4.2 所示。需要注意的是，在一维拉伸应力状态中，单元体在横向方向上也发生变形。

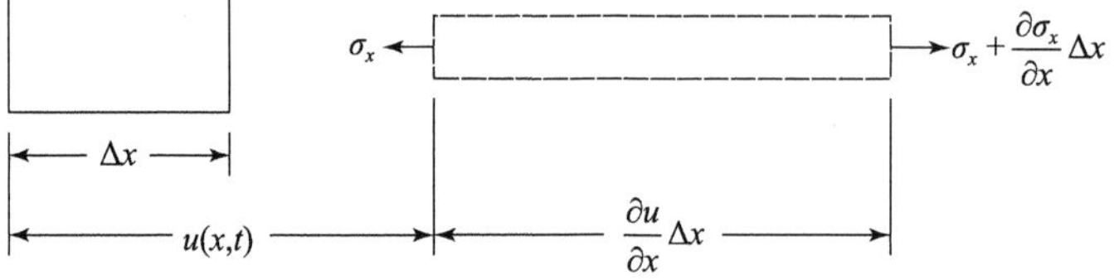

图 4.2　一维应力下的变形

实际上，如图 4.2 所示，如果单元体处于张力状态，则横截面会减小。对于一维应力的情况，σ_x 和 ϵ_x 存在以下关系：

$$\sigma_x=E\epsilon_x \tag{4.22}$$

其中，E 是杨氏模量。通过列出单元体的运动方程，我们发现有

$$\frac{\partial\sigma_x}{\partial x}\Delta x=\rho\Delta x\frac{\partial^2 u}{\partial t^2} \tag{4.23}$$

将式（4.22）代入式（4.23）得到

$$\frac{\partial^2 u}{\partial x^2}=\frac{1}{c_{\mathrm{b}}^2}\frac{\partial^2 u}{\partial t^2} \tag{4.24}$$

其中，$c_{\mathrm{b}}^2=\dfrac{E}{\rho}$ 通常称为杆的速度，即式（2.39）。

如式（2.53）所示，$\sigma_x=c^2\rho\dfrac{\partial u}{\partial t}, c=\sqrt{E/\rho}=c_{\mathrm{b}}$。因此，杆速度实际上是一维杆中纵波的声速，一维应力状态下的波动近似于细杆中的波动。如果半无限细杆（$x\geqslant 0$）在 $x=0$ 处受到压力 $p(t)$，则产生的应力波为

$$\sigma_x=-p\left(t-\frac{x}{c_{\mathrm{b}}}\right) \tag{4.25}$$

注意式（4.25）类似于式（4.18）和式（4.19）。应该强调的是，式（4.25）是一个近似解，它只对非常细的杆有效。此时，一维应力的近似值通常是非常令人满意的。如果杆非常粗，其变形状态将接近一维应变。由于通常杆既不是很细也不是很粗，所以这两个近似解都令人不满意，需要进行更精确的处理，允许场变量存在二维或三维变化。

第5章 简 谐 波

5.1 谐　　波

让我们考虑一下弹性介质中质点沿着 x 方向振动的简谐波，其纵向位移的表达式为

$$u(x,t)=A\cos[\kappa(x-c_t)] \tag{5.1}$$

振幅 A 与 x 和 t 无关，式（5.1）的一般形式为 $f(x-ct)$，显然表示波的传播。参数 $(\kappa-ct)$ 称为波的相位，相位恒定的点以速度 c 传播，这个速度称为相速度。在任何时刻 $t,u(x,t)$ 都是 x 的周期函数，具有波长 λ，这里 $\lambda=2\pi/\kappa$。

$\kappa=2\pi/\lambda$，是用来计算超过 2π 的波长数，称为波数。在任何位置，位移 $u(x,t)$ 与时间段 T 是时谐的，其中 $T=2\pi/\omega$，ω 称为角频率（又称圆频率），它遵循式（5.1），同时也有

$$\omega=\kappa c \tag{5.2}$$

因此，$u(x,t)$ 的替代表示是

$$u(x,t)=A\cos\left[\omega\left(\frac{x}{c}-t\right)\right] \tag{5.3}$$

式（5.1）和式（5.3）是行进谐波的表达式。该表达式表示正弦波的序列，它们在任何时刻的距离都是介质完整（无界）范围的两倍。谐波是稳态波，与瞬态波（脉冲）相反，在第 4 章中进行了讨论。

通过将式（5.1）代入波动方程［即式（4.8）］和式（4.24），我们得到

$$c=c_1=\sqrt{\frac{\lambda+2G}{\rho}}=c_{\mathrm{L}} \tag{5.4}$$

$$c=c_{\mathrm{b}}=\sqrt{\frac{E}{\rho}} \tag{5.5}$$

此外，由式（2.14），我们有

$$c=c_2=\sqrt{\frac{G}{\rho}}=c_{\mathrm{T}} \tag{5.6}$$

式（5.4）和式（5.5）表示一维纵应力中行进谐波的相速度与波长无关，这意味着非常短的波以相同的相速度传播。

如果相速度不取决于波长，我们就说系统是非色散的。如果材料不是纯弹性而是表现出耗散行为，发现谐波的相速度取决于波长，这时系统被认为是色散的。色散是一种重要现象，因为它控制着脉冲在色散介质中传播时的形状变化。色散不仅发生在非弹性体中，而且发生在弹性波导中。

5.1.1 相速度与质点速度

相速度c（即c_l，c_b和c_T）应与质点速度$\dot{u}(x,t)$明确区分，可得到

$$\dot{u}(x,t)=Akc\sin[\kappa(x-c_T)] \tag{5.7}$$

此外，由式（4.21），质点速度$\dot{u}(x,t)$可以表示为

$$\dot{u}(x,t)=-\frac{\sigma_x}{\rho c_L} \tag{5.8}$$

对于一维纵向应变，质点速度与相速度之比的最大值为

$$\left(\frac{u}{c_L}\right)_{max}=A\kappa=2\pi\frac{A}{\Lambda} \tag{5.9}$$

在线性理论的有效性范围内，比例A/λ应远小于1。注意：由式（5.7）

$$\dot{u}(x,t)=Akc\sin[\kappa(x-c_T)]$$

所以

$$\dot{u}(x,t)_{max}=A\kappa c$$

对于一维纵应变的情况，由式（4.7）和式（4.8）组成，则

$$c_l=\sqrt{\frac{\lambda+2G}{\rho}}=c_L$$

即相速度c等于c_L。因此，

$$\dot{u}(x,t)_{max}=A\kappa c=A\kappa c_L$$

且

$$\left(\frac{\dot{u}}{c_l}\right)_{max}=\frac{A\kappa c_L}{c_L}=A\kappa$$

为了数学上的方便，我们通常使用以下表达式来代替方程（5.1）

$$u(x,t)=A\exp[i\kappa(x-c_T)] \tag{5.10}$$

其中，$i=\sqrt{-1}$。

如无特别说明，式（5.10）的实部或虚部将用于解的物理解释。对于一维纵向应力的情况，相应的应力由下式表示

$$\sigma_x(x,t)=iE\kappa A\exp[i\kappa(x-c_bt)] \tag{5.11}$$

质点速度写为

$$u(x,t)=-iA\kappa c_b\exp[i\kappa(x-c_bt)] \tag{5.12}$$

注意：对于一维纵向应力问题，我们有$\sigma_x(x,t)=E\dfrac{\partial u}{\partial x}$，由式（5.10），可得$u(x,t)=A\exp[i\kappa(x-c_bt)]$，所以

$$\sigma_x=iE\kappa A\exp[i\kappa(x-c_bt)]$$

5.1.2 驻波

让我们考虑两个相同频率和波长的位移波，它们沿相反的方向传播，由于波动方程是

线性的，因此产生的位移为

$$u(x,t)=A_+\mathrm{e}^{\mathrm{i}(\kappa x-wt+\gamma_+)}+A_-\mathrm{e}^{\mathrm{i}(\kappa x+wt+\gamma_-)} \tag{5.13}$$

其中，A_+和 A_-是幅度；γ_+ 和 γ_- 是相位角。如果两个简单谐波的振幅相等，即 $A_+=A_-=A$，位移就可以写成

$$\begin{aligned}u(x,t)&=A\mathrm{e}^{\mathrm{i}\left(\kappa x+\frac{1}{2}\gamma_++\frac{1}{2}\gamma_-\right)}\left[\mathrm{e}^{-\mathrm{i}\left(\omega t-\frac{1}{2}\gamma_++\frac{1}{2}\gamma_-\right)}+\mathrm{e}^{\mathrm{i}\left(\omega t-\frac{1}{2}\gamma_++\frac{1}{2}\gamma_-\right)}\right]\\&=2A\exp\left[\mathrm{i}\left(\kappa x+\frac{1}{2}\gamma_++\frac{1}{2}\gamma_-\right)\right]\cos\left(\omega t-\frac{1}{2}\gamma_++\frac{1}{2}\gamma_-\right)\end{aligned}$$

其实部是

$$u(x,t)=2A\cos\left(\kappa x+\frac{1}{2}\gamma_++\frac{1}{2}\gamma_-\right)\cos\left(\omega t-\frac{1}{2}\gamma_++\frac{1}{2}\gamma_-\right) \tag{5.14}$$

式（5.14）表示一种驻波，因为波的形状不会传播。

在 $\cos(\kappa x+1/2\gamma_++1/2\gamma_-)$ 点上，两个行波总是相互抵消，介质处于静止状态。这些点被称为驻波节点，每一对驻波节点的中点是反节点，波运动在这些位置有最大的振幅。驻波是弹性体自由振动的某些模式，以一根杆的振动为例进行说明。

如果我们考虑一个半无限的杆，并且要求位移在 x=0 处为零，则可能的谐波运动受到限制，现在不能使用式（5.10），必须使用如式（5.14）中所表达的驻波形式，其中选择角度 γ_+ 和 γ_-，使得节点与边界 x=0 重合，即

$$\gamma_++\gamma_-=\pi$$

$$u(x,t)=2A\sin(\kappa x)\sin(\omega t-\gamma_+) \tag{5.15}$$

5.1.3 基频

当作为第二个边界条件时，我们在 x=l 处加上 u=0，谐波运动进一步受到限制。现在，在所有由（5.15）表示的谐波运动中，只有在 x=l 处具有节点的运动可以使用。因此，我们需要

$$\sin(\kappa l)=0 \tag{5.16}$$

这意味着

$$\kappa l=\frac{2\pi l}{\Lambda}=n\pi,\quad n=1,2,3,\cdots \tag{5.17}$$

由于节点之间的距离是波长的一半，因此该距离取 l，$l/2$，$l/3$ 等，相应的角频率为

$$\omega=\kappa C_\mathrm{b}=\frac{n\pi C_\mathrm{b}}{l} \tag{5.18}$$

基波模上最低的角频率，称为基频，即 $\omega_0=\pi c_b/l$（rad/s）；较高模式的频率以每秒周期数表示，即 $f_2=2c_\mathrm{b}/2l$，$f_2=3c_\mathrm{b}/2l$ 等。较高的频率称为泛音。例如，在两端刚性支撑的杆中，泛音是基频的整数倍。与基波具有这种简单关系的泛音称为谐波。只有对于由波动方程控制的最简单的振动系统，振动模式才像本节中讨论的那样简单。

5.2 简单谐波振荡器

什么是简单谐波振荡器。一个相当有趣的案例是图 5.1 中所示的弹簧阻尼波系统。

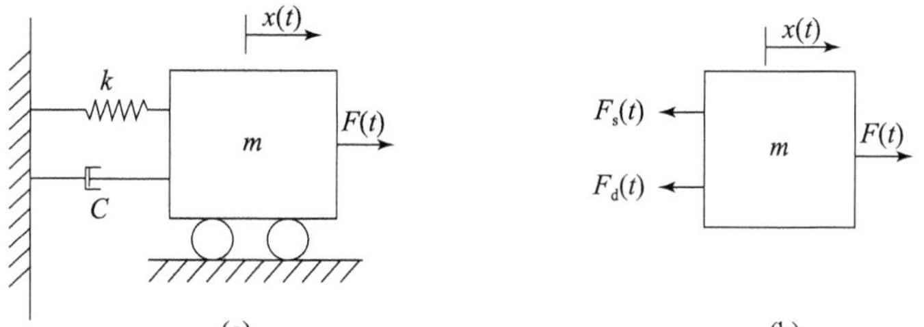

图 5.1 弹簧阻尼波系统和自由体图

用 $F(t)$ 表示系统上的外力，用 $x(t)$ 表示 m 从平衡位置的位移，与未拉伸的弹簧状态重合，可以表示为

$$F(t) - F_{\mathrm{s}}(t) - F_{\mathrm{d}}(t) = m\ddot{x}(t) \tag{5.19}$$

结合条件：即 $F_{\mathrm{s}}(t) = kx(t)$ 且 $F_{\mathrm{d}}(t) = cx(t)$，式（5.19）变为

$$m\ddot{x}(t) + c\dot{x}(t) + kx(t) = F(t) \tag{5.20}$$

这是一个系数恒定的二阶微分方程。常数系数 m、c 和 k 是系统参数。式（5.20）的一般解在振动中具有相当重要的意义。在讨论式（5.20）的一般解之前，先考虑自由振动的情况，即力 $F(t)$ 等于零的情况。此外，我们将关注 $c = 0$ 的无阻尼系统，在这种情况下，运动的微分方程可简化为

$$\ddot{x}(t) + \omega_n^2 x(t) = 0, \qquad \omega_n^2 = \frac{k}{m} \tag{5.21}$$

其中，ω_n 为无阻尼系统的固有振动频率。很容易验证式（5.21）的解具有一般形式：

$$x(t) = A_1 \cos \omega_n t + A_2 \sin \omega_n t \tag{5.22}$$

其中，A_1 和 A_2 是积分常数，取决于初始位移 $x(0)$ 和初始速度 $\dot{x}(0)$。引入符号 A 和ϕ，将很方便地证明

$$A_1 = A\cos\phi, \quad A_2 = A\sin\phi \tag{5.23}$$

由此可知，

$$A = \sqrt{A_1^2 + A_2^2}, \qquad \phi = \arctan\frac{A_2}{A_1} \tag{5.24}$$

将式（5.23）代入式（5.22）中，并回顾三角关系

$$\cos\alpha\cos\beta + \sin\alpha\sin\beta = \cos(\alpha - \beta)$$

解变为

$$x(t) = A\cos(\omega_n t - \phi) \tag{5.25}$$

其中，A 和 ϕ 分别为振幅和相位角。因为 A 和 ϕ 依赖于 A_1 和 A_2，它们也可以看作是积分常数，取决于初始条件 $x(0)$ 和 $\dot{x}(0)$。式（5.25）表明，系统以固有频率 ω_n 进行简谐振荡，因

此系统本身被称为谐波振荡器。由式（5.25）定义的运动是最简单的振动类型。谐振子更多地代表了一个数学概念，而不是物理现实。然而，如果兴趣在于在持续时间太短以至于极轻的阻尼无法产生效果的情况，这个概念对于可忽略的阻尼来说是有效的。在一阶近似中，可以将各种各样的物理系统视为谐振子。

5.3 谐 波 振 荡

5.3.1 谐波振荡的基本性质

关于谐波振荡性质的讨论也许可以通过图 5.2 中的矢量图得到强化。

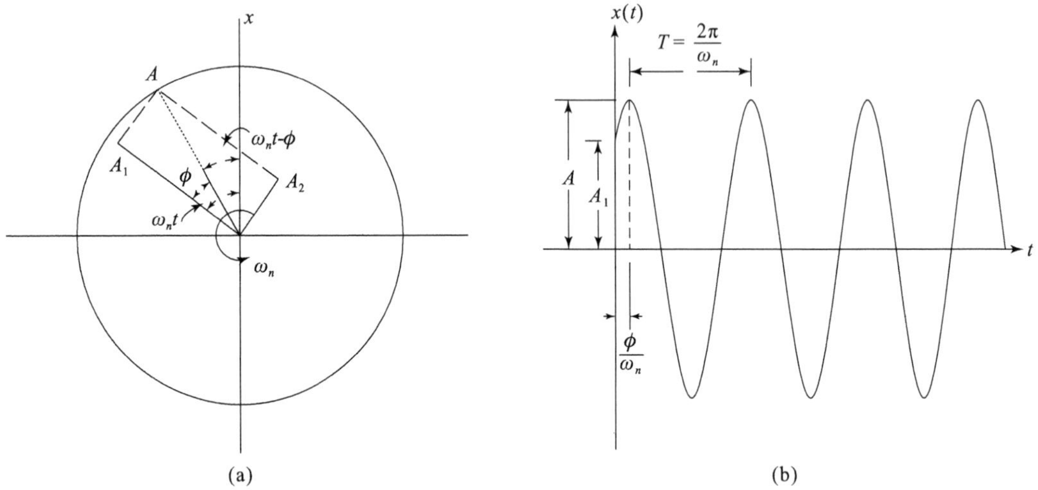

图 5.2　谐波振荡图

如果 $\boldsymbol{A}$ 表示大小为 A 的向量，并且向量 $\boldsymbol{A}$ 相对于垂直轴 x 形成角度 $\omega_n t-\phi$，则向量 $\boldsymbol{A}$ 在 x 方向上的投影为 $x(t)=A\cos(\omega_n t-\phi)$。常数 A_1 和 A_2 只是 $\boldsymbol{A}$ 沿两个正交轴的矩形分量，ϕ 和 $-(\pi/2-\phi)$ 是相对于 $\boldsymbol{A}$ 的角度。角度 $\omega_n t-\phi$ 随时间呈线性增加，这意味着整个图以角速度 ω_n 逆时针旋转。随着图中矢量 $\boldsymbol{A}$ 的旋转，其投影随之呈现谐波变化。因此，每当矢量 $\boldsymbol{A}$ 转动 2π时，运动将周期性地重复。投影 $x(t)$随时间的变化关系如图 5.2(b）所示。

完成一个循环运动所需的时间为周期 T，由下式给出

$$T=\frac{2\pi}{\omega_n} \tag{5.26}$$

其中，ω_n 以 rad/s 为单位，T 以 s 为单位。在物理上，T 代表完成一次振荡所需的时间，它等于振荡器达到相同状态的两个连续时间之间的差值，其中“状态”包括位置和速度。

如图 5.2（b）所示，在两个连续的峰之间测量周期，习惯上以 cps 为单位测量固有频率。在这种情况下，固有频率用 f_n 表示，因为一个周期等于 2π，所以有

$$f_n=\frac{\omega_n}{2\pi}=\frac{1}{T} \tag{5.27}$$

因此，固有频率 f_n 和周期 T 互为倒数。每秒一个周期，通常称为 1Hz。最后，在初始条件的影响下讨论积分常数 A 和 ϕ 。引入 $x_0 = x(0)$， $v_0 = \dot{x}(0)$， $v_0 = \dot{x}(0)$，并使用式（5.22），很容易验证谐振对初始条件 x_0 和 v_0 的响应为

$$x(t) = x_0 \cos \omega_n t + \frac{v_0}{\omega_n} \sin \omega_n t \tag{5.28}$$

比较式（5.22）和式（5.28），并使用式（5.24），我们得出结论，振幅 A 和相位角 ϕ 表达式分别为

$$A = \sqrt{x_0^2 + \left(\frac{v_1}{\omega_n}\right)^2}, \qquad \phi = \arctan \frac{v_0}{x_0 \omega_n} \tag{5.29}$$

式（5.21）的解也可以通过假设其具有指数形式并解出特征方程的 A_0 来获得。请注意，在振动理论中，包括简单谐波振荡，我们使用 k 来表示弹簧弹性常数，即机械或结构系统的刚度。然而，在研究谐波应力波时，我们使用 κ 来表示波数，即 $\kappa = 2\pi / \lambda$ 和 $\omega = \kappa c$ 。

5.3.2 谐波振荡传播的能量

如何评估应力波传播中的能量？如图 4.1 所示，考虑一个垂直于 x 轴的单位面积单元体，在位置 x 处，作用在元件上的牵引力的瞬时功率是 $\sigma_x(x,t)$ 和质点速度 $\dot{u}(x,t)$ 的矢量积（叉乘）。这个瞬时功率称为每单位面积的功率，用 p 表示，

$$p(x,t) = -\sigma_x \dot{u} \tag{5.30}$$

这个负号的出现是因为一个在张力中为正的应力矢量和一个在同一方向上作用的速度矢量会产生正值功率。通过使用式（4.21），我们发现

$$p(x,t) = \rho c_1 \dot{u}^2 \tag{5.31}$$

使用式（5.4），则式（5.31）变为

$$p(x,t) = \rho c_l \dot{u}^2 \tag{5.32}$$

功率定义了单位时间内在单位区域内传输能量的速率。显然，p 代表整个面积单元体的能量通量，它必须与总能量密度 H 有关。因此，单位体积的总能量密度等于动能密度 K 和应变能密度 U 之和，即

$$H = K + U = \frac{1}{2}\rho \dot{u}^2 + \frac{1}{2}(\lambda + 2G)\left(\frac{\partial u}{\partial x}\right)^2 \tag{5.33}$$

如果流过点 $x + \mathrm{d}x$ 的能量多于流过 x 的能量，则介质中长度为 $\mathrm{d}x$ 的部分的能量会减少，即

$$p(x + \mathrm{d}x) - p(x) = -\frac{\partial H}{\partial t}\mathrm{d}x \tag{5.34}$$

或

$$\frac{\partial p}{\partial x} + \frac{\partial H}{\partial t} = 0 \tag{5.35}$$

这是能量连续性的方程。

将式（5.30）和式（5.33）代入式（5.35），有

$$\left(\frac{\partial\sigma_x}{\partial x}-\rho\ddot{u}\right)\dot{u}-\left[\sigma_x(\lambda+2G)\frac{\partial u}{\partial x}\right]\frac{\partial\dot{u}}{\partial x}=0 \tag{5.36}$$

当然，从式（4.7）和式（4.8）来看，这是同样满意的。

注意，

$$\frac{\partial p}{\partial x}=-\dot{u}\frac{\partial\sigma_x}{\partial x}-\sigma_x\frac{\partial\dot{u}}{\partial x}$$

$$\frac{\partial H}{\partial t}=\frac{\partial}{\partial t}\left[\frac{1}{2}\rho\dot{u}^2+\frac{1}{2}(\lambda+2G)\left(\frac{\partial u}{\partial x}\right)^2\right]$$

$$=\frac{1}{2}\rho 2u\ddot{u}+\frac{1}{2}(\lambda+2G)2\frac{\partial u}{\partial x}\frac{\partial}{\partial t}\left(\frac{\partial u}{\partial x}\right)$$

$$=\rho u\ddot{u}+(\lambda+2G)\frac{\partial u}{\partial x}\frac{\partial\dot{u}}{\partial x}$$

所以

$$\frac{\partial p}{\partial x}+\frac{\partial H}{\partial t}=-\left(\frac{\partial\sigma_x}{\partial x}-\rho i\right)\dot{u}-\left[\sigma_x-(\lambda+2G)\frac{\partial u}{\partial x}\right]\frac{\partial\dot{u}}{\partial x}$$

根据式（4.7）和式（4.8），因为

$$\frac{\partial\sigma_x}{\partial x}=(\lambda+2G)\frac{\partial^2 u}{\partial x^2}\quad 且\quad c_1^2=\frac{\lambda+2G}{\rho}$$

并因为

$$\ddot{u}=c_1^2\frac{\partial^2 u}{\partial x^2}=\frac{\lambda+2G}{\rho}\frac{\partial^2 u}{\partial x^2}$$

所以

$$\frac{\partial\sigma_x}{\partial x}-\rho\ddot{u}=(\lambda+2G)\frac{\partial^2 u}{\partial x^2}-\rho\frac{\lambda+2G}{\rho}\frac{\partial^2 u}{\partial x^2}=0$$

5.3.3　示例：计算谐波中的能量通量

每单位面积传递能量的速率等于每单位面积的功率，可以通过式（5.7）和式（5.32）计算。对于一维纵向应力的情况，$p(x,t)$ 可以表示成如下形式：

$$p=\rho c_{\mathrm{b}}^3\kappa^2 A^2\sin^2[\kappa(x-c_{\mathrm{t}})]=\frac{EA^2w^2}{c_{\mathrm{b}}}\sin^2[\kappa(x-c_{\mathrm{t}})] \tag{5.37}$$

需要注意的是，对于谐波，单位面积的功率是一个随相速度 c_{b} 行进的无限脉冲序列。

注意，

$$\dot{u}(x,t)=A\kappa c\sin[\kappa(x-c_{\mathrm{t}})] \tag{5.38}$$

所以

$$\dot{u}^2=A^2\kappa^2c^2\sin^2[\kappa(x-C_{\mathrm{T}})]$$

$$p=\rho c_{\mathrm{b}}\dot{u}^2 \tag{5.39}$$

对于一维纵向应力的情况，用 C_{b} 代替 C_{L}，我们有

$$\begin{aligned} p &= \rho c_{\mathrm{b}} \dot{u}^2 \\ &= \rho c_{\mathrm{b}} A^2 k^2 c_{\mathrm{b}}^2 \sin^2[\kappa(x - c_{\mathrm{T}})] \\ &= \rho c_{\mathrm{b}}^3 k^2 A^2 \sin^2[\kappa(x - c_{\mathrm{T}})] \end{aligned}$$

因为

$$c_{\mathrm{b}}^2 = \frac{E}{\rho}, \quad \omega = \kappa c_{\omega}$$

所以

$$p = \frac{EA\omega^2}{c_{\mathrm{b}}} \sin^2[\kappa(x - c_{\mathrm{T}})]$$

第 6 章 向量和张量及应用示例

6.1 向量和张量

6.1.1 向量

本节初步介绍涉及向量和笛卡儿张量的定义和运算，同时对使用张量符号的必要性进行了介绍。在欧几里得空间中，向量被定义为具有特定大小和方向的有向线段。向量一般用黑斜体字母表示，但特殊情况下用带箭头的字母表示，比如$\overrightarrow{AB}$，$\overrightarrow{PQ}$。如果两个向量具有相同的方向和相同的大小，则它们相等。如果我们用 $\boldsymbol{i}$，$\boldsymbol{j}$，$\boldsymbol{k}$ 表示正 x，y，z 方向上的单位向量，空间中的向量可以表示为 $\boldsymbol{i}$，$\boldsymbol{j}$ 和 $\boldsymbol{k}$ 的线性组合。

此外，如果给定向量 $\boldsymbol{u}$ 的起点坐标（x，y，z，）和终点坐标（xz，yz，zz），向量 $\boldsymbol{u}$ 可以表示为

$$\boldsymbol{u}=(x_2-x_1)\boldsymbol{i}+(y_2-y_1)\boldsymbol{j}+(z_2-z_1)\boldsymbol{k}=u_x\boldsymbol{i}+u_y\boldsymbol{j}+u_z\boldsymbol{k} \tag{6.1}$$

这里，u_x、u_y、u_z 分别为向量 $\boldsymbol{u}$ 在 $\boldsymbol{i}$、$\boldsymbol{j}$、$\boldsymbol{k}$ 方向上的分量。

向量 $\boldsymbol{u}$ 的幅度可定义为

$$|\boldsymbol{u}|=\sqrt{u_x^2+u_y^2+u_z^2} \tag{6.2}$$

因此 u=0，当且仅当 $u_x=u_y=u_z=0$。

向量 $\boldsymbol{u}$ 和 $\boldsymbol{v}$ 的标量积，用 $\boldsymbol{u}\cdot\boldsymbol{v}$ 表示，由以下公式定义：

$$\boldsymbol{u}\cdot\boldsymbol{v}=|\boldsymbol{u}||\boldsymbol{v}|\cos\theta,\quad 0\leqslant\theta\leqslant\pi \tag{6.3}$$

其中，θ 是给定向量之间的角度。向量乘积表示一个向量的大小与第二个向量在第一个向量方向上的分量的乘积，即

$$\boldsymbol{u}\cdot\boldsymbol{v}=(\boldsymbol{u}\text{的幅值})\cdot(\boldsymbol{v}\text{沿着}\boldsymbol{u}\text{方向的分量幅值}) \tag{6.4}$$

如果 $\boldsymbol{u}=\boldsymbol{u}_{xi}+\boldsymbol{u}_{yi}+\boldsymbol{u}_{zr},\boldsymbol{v}=\boldsymbol{v}_{xi}+\boldsymbol{v}_{yi}+\boldsymbol{v}_{zk}$，这两个向量的标量积，也可以用分量来表示：

$$\boldsymbol{u}\cdot\boldsymbol{v}=u_xv_x+u_yv_y+u_zv_z \tag{6.5}$$

两个向量的标量积是一个标量，两个向量 $\boldsymbol{u}$ 和 $\boldsymbol{v}$ 的向量（或叉乘）积产生另一个向量 $\boldsymbol{w}$，可写为 $\boldsymbol{w}=\boldsymbol{u}\times\boldsymbol{v}$，向量 $\boldsymbol{w}$ 的大小定义为

$$|\boldsymbol{w}|=|\boldsymbol{u}||\boldsymbol{v}|\sin\theta,\quad 0\leqslant\theta\leqslant\pi \tag{6.6}$$

其中，θ 是 $\boldsymbol{u}$ 和 $\boldsymbol{v}$ 之间的角度；$\boldsymbol{w}$ 的方向定义为垂直于由 $\boldsymbol{u}$ 和 $\boldsymbol{v}$ 确定的平面，使得 $\boldsymbol{u}$ 和 $\boldsymbol{v}$ 形成一个右手坐标系。向量积满足以下关系：

$$\begin{cases} \boldsymbol{u}\times\boldsymbol{v} = -(\boldsymbol{v}\times\boldsymbol{u}) \\ \boldsymbol{u}\times(\boldsymbol{v}+\boldsymbol{w}) = \boldsymbol{u}\times\boldsymbol{v}+\boldsymbol{u}\times\boldsymbol{w} \\ \boldsymbol{i}\times\boldsymbol{i} = \boldsymbol{j}\times\boldsymbol{j} = \boldsymbol{k}\times\boldsymbol{k} = 0 \\ \boldsymbol{i}\times\boldsymbol{j} = \boldsymbol{k}, \boldsymbol{j}\times\boldsymbol{k} = \boldsymbol{i}, \boldsymbol{k}\times\boldsymbol{i} = \boldsymbol{j} \\ \boldsymbol{k}-\boldsymbol{u}\times\boldsymbol{v} = \boldsymbol{u}\times k\boldsymbol{v} = k(\boldsymbol{u}\times\boldsymbol{v}) \end{cases} \tag{6.7}$$

利用这些关系式，向量积可以用分量表示，如下所示：

$$\boldsymbol{u}\times\boldsymbol{v} = (u_y v_z - u_z v_y)\boldsymbol{i} + (u_z v_x - u_x v_z)\boldsymbol{j} + (u_x v_y - u_y v_x)\boldsymbol{k} \tag{6.8}$$

$$\boldsymbol{u}\times\boldsymbol{v} = \begin{vmatrix} \boldsymbol{i} & \boldsymbol{j} & \boldsymbol{k} \\ u_x & u_y & u_z \\ v_x & v_y & v_z \end{vmatrix} \tag{6.9}$$

向量分析的核心在于引入一种符号表示法（粗体字母），揭示符号的物理和几何含义。其目标是通过方程表达物理和几何事实，而这些方程是独立于观察者的。例如，我们用以下等式表示一个平面：

$$\boldsymbol{r}\cdot\boldsymbol{n} = p \tag{6.10}$$

通过该等式，表示满足上述方程的半径向量 $\boldsymbol{r}$ 终点的轨迹构成一个平面。这是该等式的几何意义。指定向量 $\boldsymbol{u}$ 为平面的单位法线向量，标量积 $\boldsymbol{r}\cdot\boldsymbol{n}$ 表示 $\boldsymbol{r}$ 在 $\boldsymbol{n}$ 上的标量投影。式(6.10)指出，我们考虑所有半径向量 $\boldsymbol{r}$，其在 $\boldsymbol{n}$ 上的分量是常数 p，参见图 6.1。另外，尽管矢量方程很优美，但并不总是方便的。事实上，笛卡儿在引入解析几何时做出了巨大贡献，他将矢量通过相对于固定参考系的分量来表示。

$$\boldsymbol{r}\cdot\boldsymbol{n} = p$$

因此，参考一组矩形笛卡儿坐标轴 $O\text{-}xyz$，式（6.10）可以写成

$$ax + by + cz = p \tag{6.11}$$

其中，x，y，z 表示 r 的分量；a，b，c 表示单位法向量 $\boldsymbol{n}$ 的分量。

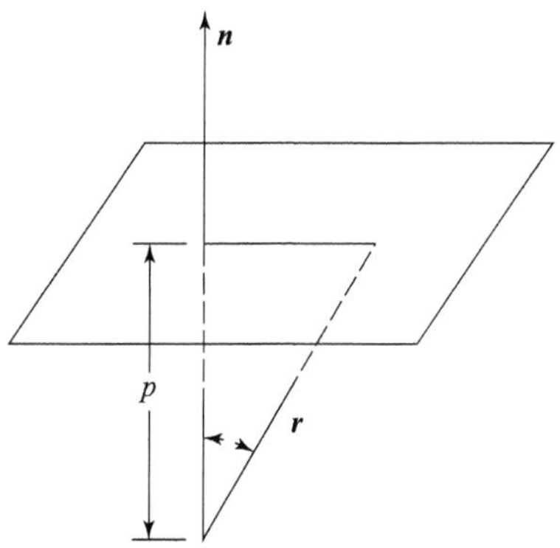

图 6.1 平面方程

为什么我们更倾向于采用分量形式，而放弃矢量符号的优雅？答案非常明确：我们喜欢用数字来表示物理量。为了确定一个半径矢量，方便的做法是用一组数值（x，y，z）。为了确定一个力 F，方便地定义三个分量 F_x、F_y、F_z。实际上，在计算中，我们更频繁地

使用式（6.11）而不是式（6.10）

6.1.2 张量

为了进一步发展，必须掌握一个重要的符号规则。一组变量 x_1，x_2，…，x_n，通常表示为 x_i，i=1,2,…，n。单独书写时，符号 x_i 代表变量中的任何一个，此时符号 i 是一个索引，而索引可以是上标或下标。使用索引的符号系统被称为指示性说明。

考虑一个方程，它描述了三维空间中矩形平面的情况。以轴 x_1、x_2、x_3 为基的笛卡儿坐标系中，

$$a_1x_1 + a_2x_2 + a_3x_3 = q \tag{6.12}$$

其中，a_i 和 q 是常量。式（6.12）可以写成

$$\sum_{3}^{i=1} a_i x_i = q \tag{6.13}$$

但是，我们将引入求和约定的表达式，并以简单形式改写上述等式

$$a_i x_i = q \tag{6.14}$$

惯例如下：在一个术语中重复一个索引表示该索引在其范围内的总和。索引 i 的范围是 n 个整数值 1 到 n 的集合。被求和的索引称为虚拟索引，而不被求和的索引称为自由索引。由于虚拟索引仅表示求和，因此使用哪个符号并不重要。因此，a_ix_i 可能会被 a_jx_j 等所取代。这类似于积分中使用虚拟变量的情况：$\int_a^b f(x)\mathrm{d}x = \int_a^b f(y)\mathrm{d}y$。

6.1.3 示例：向量的张量表达

示例一：考虑三维欧几里得空间中的单位向量 $\boldsymbol{v}$，其矩形笛卡儿坐标为 x、y 和 z，定义单位向量的分量为 α_i，则有

$$\alpha_1 = \cos(\boldsymbol{v}, x), \quad \alpha_2 = \cos(\boldsymbol{v}, y), \quad \alpha_3 = \cos(\boldsymbol{v}, z)$$

其中，$(\boldsymbol{v}, x)$表示 $\boldsymbol{v}$ 和 x 轴之间的角度，依此类推；数字集合 α_i（i =1,2,3）表示坐标轴上单位向量的分量。单位向量的长度是由公式 $\alpha_1^2 + \alpha_2^2 + \alpha_3^2 = 1$ 表示，用张量可以简单地表示为

$$\alpha_i \alpha_i = 1 \tag{6.15}$$

示例二：考虑一个在三维欧几里得空间中具有分量 dx、dy、dz 的线单元体，矩形笛卡儿坐标为 x、y 和 z。线单元体长度的平方为

$$\mathrm{d}s^2 = \mathrm{d}x^2 + \mathrm{d}y^2 + \mathrm{d}z^2 \tag{6.16}$$

如果我们定义

$$\mathrm{d}x_1 = \mathrm{d}x, \quad \mathrm{d}x_2 = \mathrm{d}y, \quad \mathrm{d}x_3 = \mathrm{d}z \tag{6.17}$$

$$\begin{gathered}\delta_{11} = \delta_{22} = \delta_{33} = 1 \\ \delta_{12} = \delta_{21} = \delta_{13} = \delta_{31} = \delta_{23} = \delta_{32} = 0\end{gathered} \tag{6.18}$$

那么式（6.16）可以写成

$$\mathrm{d}s^2 = \delta_{ij}\mathrm{d}x_i\mathrm{d}x_j \tag{6.19}$$

理解索引 i 和 j 的范围是 1 到 3。请注意，上述表达式中有两个求和，一个在 i 上，另

一个在 j 上。表达式（6.18）中定义的符号 δ 称为克罗内克符号。

示例三：对行列式的张量应用例子。

$$\begin{vmatrix} a_{11} & a_{12} & a_{13} \\ a_{21} & a_{22} & a_{23} \\ a_{31} & a_{32} & a_{33} \end{vmatrix} = a_{11}a_{22}a_{33} + a_{21}a_{32}a_{13} + a_{31}a_{12}a_{23} - a_{11}a_{32}a_{23} - a_{12}a_{21}a_{33} - a_{13}a_{22}a_{31} \quad (6.20)$$

如果我们用 a_{ij} 表示行列式中的一般项，并将行列式写为 a_{ij}，式（6.20）可以写成

$$\left|a_{ij}\right| = e_{rst}a_{r1}a_{s2}a_{t3} \quad (6.21)$$

其中，排列符号由下式定义

$$\begin{gathered} e_{111} = e_{222} = e_{333} = e_{112} = e_{113} = e_{221} = e_{223} = e_{331} = e_{332} = 0 \\ e_{123} = e_{231} = e_{312} = 1 \\ e_{213} = e_{321} = e_{132} = -1 \end{gathered} \quad (6.22)$$

换句话说，只要任何两个索引的值重合，e_{ijk} 就会变为零；当下标像 1、2、3 一样排列时 $e_{ijk}=1$，否则 $e_{ijk}=-1$。

克罗内克符号和排列符号组合是非常重要的一种表达形式。它们通过标识连接：

$$e_{ijk}e_{ist} = \delta_{js}\delta_{kt} - \delta_{jt}\delta_{ks} \quad (6.23)$$

它们对 e-δ 使用频率很高，在这里需特别注意，可以通过实验验证。最后，我们将求和约定扩展到微分公式。设 f（x_1，x_2，…，x_n）是 n 个变量 x_1，x_2，…，x_n 的函数，那么它的微分应写为

$$\mathrm{d}f = \frac{\partial f}{\partial x_i}\mathrm{d}x_i \quad (6.24)$$

例如，

（a）
$$\delta_{ii} = \delta_{11} + \delta_{22} + \delta_{33} = 3$$

（b）
$$\begin{aligned} \delta_{ij}\delta_{ij} &= \delta_{1j}\delta_{1j} + \delta_{2j}\delta_{2j} + \delta_{3j}\delta_{3j} = \delta_{11}\delta_{11} + \delta_{12}\delta_{12} + \delta_{13}\delta_{13} + \delta_{21}\delta_{21} \\ &\quad + \delta_{22}\delta_{22} + \delta_{23}\delta_{23} + \delta_{31}\delta_{31} + \delta_{32}\delta_{32} + \delta_{33}\delta_{33} = \delta_{11} + \delta_{22} + \delta_{33} = 3 \end{aligned}$$

部分重要的公式为

$$\begin{cases} \text{(a)} \quad e_{ijk}A_jA_k = 0 \\ \text{(b)} \quad \delta_{ij}\delta_{jk} = \delta_{ik} \\ \text{(c)} \quad \delta_{ij}e_{ijk} = 0 \\ \text{(d)} \quad e_{ijk}e_{jki} = 6 \end{cases} \quad (6.25)$$

示例四：坐标变换和符号表示。

考虑平面上的两组矩形笛卡儿参考系 O-xy 和 O'-$x'y'$（图 6.2）。如果参考系 O'-$x'y'$是通过在不改变方向的情况下从 O-xy 平移原点得到的，则该变换是一种平移。如果点 P 分别相对于旧坐标系和新坐标系具有坐标（x，y）和（x'，y'），则

$$x = x' + h,\quad y = y' + k,$$

或

$$x' = x - h,\quad y' = y - k \quad (6.26)$$

如果原点保持不变，并且通过逆时针方向旋转 O-x 和 O-y 轴获得新轴，则轴的变换是

一个旋转。

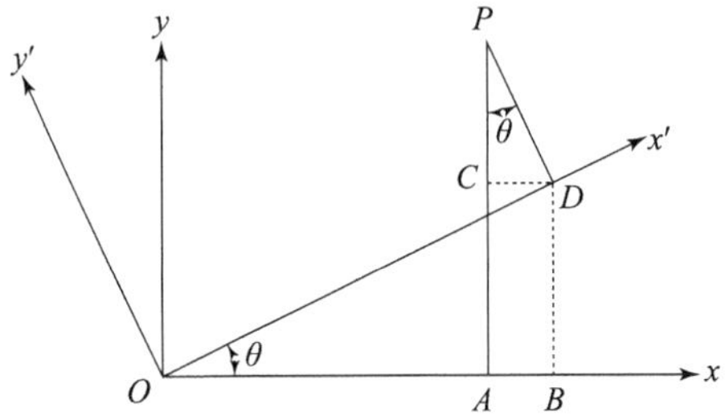

图 6.2　坐标旋转示意图

设点 P 在旧参考系和新参考系中的坐标分别为（x，y）和（x'，y'）。参考图 6.2，新旧坐标的这种关系表达如下：

$$\begin{cases} x = x'\cos\theta - y'\sin\theta \\ y = x'\sin\theta + y'\cos\theta \end{cases} \tag{6.27}$$

$$\begin{cases} x' = x\cos\theta + y\sin\theta \\ y' = -x\sin\theta + y\cos\theta \end{cases} \tag{6.28}$$

采用索引表示法，用 x_1, x_2 替代 x, y，用 x_1', x_2' 替换 x', y'。显然，由式（6.28）指定的符号可以由下式表示

$$x_i' = \beta_{ij} x_j, \quad i = 1,2 \tag{6.29}$$

其中，β_{ij} 是矩阵（β_{ij}）的元素：

$$\begin{pmatrix} \beta_{11} & \beta_{12} \\ \beta_{21} & p_{22} \end{pmatrix} = \begin{pmatrix} \cos\theta & \sin\theta \\ -\sin\theta & \cos\theta \end{pmatrix} \tag{6.30}$$

式（6.29）的逆变换为

$$x_i = \beta_{ji} x_j', \quad i=1,2 \tag{6.31}$$

其中，根据式（6.27），β_{ij} 是矩阵 $\boldsymbol{\beta}_{ij}$ 中第 j 列、第 i 行的元素。很明显，矩阵 $\boldsymbol{\beta}_{ij}^{\mathrm{T}}$ 是矩阵 $\boldsymbol{\beta}_{ji}$ 的转置。

$$\boldsymbol{\beta}_{ji} = \boldsymbol{\beta}_{ij}^{\mathrm{T}} \tag{6.32}$$

另外，在解一组联立线性方程（6.29）的情形下，式（6.31）中的矩阵 $\boldsymbol{\beta}_{ij}$ 必须被视为矩阵 $\boldsymbol{\beta}_{ji}$ 的逆矩阵，因此有

$$\boldsymbol{\beta}_{ji} = \boldsymbol{\beta}_{ij}^{-1} \tag{6.33}$$

因此，我们得到变换矩阵 $\boldsymbol{\beta}_{ij}$ 的基本性质，该性质定义了矩形笛卡儿坐标的符号：

$$\boldsymbol{\beta}_{ij}^{\mathrm{T}} = \left(\boldsymbol{\beta}_{ij}\right)^{-1} \tag{6.34}$$

为满足式（6.34）的矩阵（$\boldsymbol{\beta}_{ij}$），其中 i，j=1,2,⋯,n，称为正交矩阵。

如果关联的矩阵是正交的，则称变换为正交变换。对于正交矩阵，我们有

$$(\boldsymbol{\beta}_{ij})(\boldsymbol{\beta}_{ij})^{\mathrm{T}} = (\boldsymbol{\beta}_{ij})(\boldsymbol{\beta}_{ij})^{-1} = (\delta_{ij})$$

其中，δ_{ij} 是克罗内克常数（Kronecker delta）。因此，

$$\beta_{ik}\beta_{jk}=\delta_{ij} \tag{6.35}$$

为了阐明这个方程的几何含义，我们将直接进行符号转换，如下所示。

从原点沿 x' 轴发出的单位向量分别相对于 x_1、x_2 轴具有方向余弦 β_{i1}，β_{i2}，其方向向量长度为单位 1，由下式表示（图 6.3）：

$$(\beta_{i1})^2+(\beta_{i2})^2=1,\quad i=1,2 \tag{6.36}$$

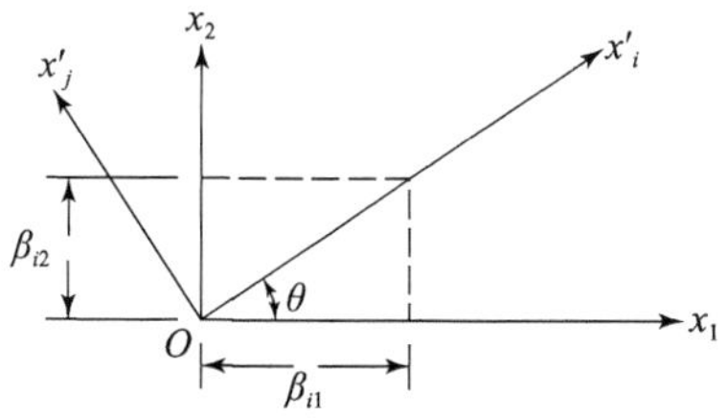

图 6.3　坐标轴旋转

沿 x'_i 轴的单位向量垂直于沿 x'_j 轴的单位向量（如果为 $i\neq j$）的事实由下式表示：

$$\beta_{i1}\beta_{j1}+\beta_{i2}\beta_{j2}=0,\quad i\neq j \tag{6.37}$$

结合式（6.36）和式（6.37），我们得到式（6.35）。

索引 i，j 的范围可以扩展到 1，2，3。因此，考虑两个互相垂直的笛卡儿坐标系，即 x_1,x_2,x_3 和 x'_1,x'_2,x'_3，它们有相同的原点 O。

设 $\boldsymbol{x}$ 表示点 P 的位置向量，在 x'_1,x'_2,x'_3 上分量为 x_1,x_2,x_3，设 $\boldsymbol{e}_1,\boldsymbol{e}_2,\boldsymbol{e}_3$ 为沿正 x_1,x_2,x_3 轴方向上的单位向量，它们被称为 x_1,x_2,x_3 坐标系的基本向量。（参见式（6.1），其中 $\boldsymbol{e}_1,\boldsymbol{e}_2,\boldsymbol{e}_3$ 可写为 $\boldsymbol{i}$，$\boldsymbol{j}$，$\boldsymbol{k}$。）同样，设 $\boldsymbol{e}'_1,\boldsymbol{e}'_2,\boldsymbol{e}'_3$ 是 x'_1,x'_2,x'_3 坐标的基本向量。

注意，由于坐标是正交的，我们有

$$\begin{aligned}\boldsymbol{e}_i\cdot\boldsymbol{e}_j&=\delta_{ij}\\ \boldsymbol{e}'_i\cdot\boldsymbol{e}'_j&=\delta_{ij}\end{aligned} \tag{6.38}$$

根据基本矢量，矢量 $\boldsymbol{x}$ 可以表示为

$$\boldsymbol{x}=x_j\boldsymbol{e}_j=x'_j\boldsymbol{e}'_j,\quad j=1,2,3 \tag{6.39}$$

式（6.39）两边与 $\boldsymbol{e}_i$ 的标量积为

$$x_j(\boldsymbol{e}_j\cdot\boldsymbol{e}_i)=x'_j(\boldsymbol{e}'_j\cdot\boldsymbol{e}_i) \tag{6.40}$$

但是

$$x_j(\boldsymbol{e}_j\cdot\boldsymbol{e}_i)=x_j\delta_{ji}=x_i$$

因此，

$$x_i=(\boldsymbol{e}'_j\cdot\boldsymbol{e}_i)x'_j \tag{6.41}$$

$$(\boldsymbol{e}'_j\cdot\boldsymbol{e}_i)\equiv\beta_{ji} \tag{6.42}$$

$$x_i=\beta_{ji}x'_j,\quad i=1,2,3 \tag{6.43}$$

接下来，用 $\boldsymbol{e}_i'$ 点乘式（6.39）的两边，得到

$$x_j(\boldsymbol{e}_j \cdot \boldsymbol{e}_i') = x_j'(\boldsymbol{e}_j' \cdot \boldsymbol{e}_i')$$

但 $(\boldsymbol{e}_j' \cdot \boldsymbol{e}_i') = \delta_{ij}$ 且 $(\boldsymbol{e}_j' \cdot \boldsymbol{e}_i') = \delta_{ij}$ ，因此，我们得到

$$x_i' = \beta_{ij} x_j, \quad i=1,2,3 \tag{6.44}$$

式（6.43）和式（6.44）是式（6.29）和式（6.31）对三维情况的推广。

方程（6.42）阐明了系数 β_{ij} 的几何含义。

式（6.32）对于 i，j=1，2，3 成立是显而易见的，因为式（6.43）和式（6.44）互为逆变换，则式（6.34）和式（6.35）也成立。

现在，用 x_1,x_2,x_3 表示图 6.4 中点 P 的坐标，也是半径矢量 $\boldsymbol{A}$ 的分量。

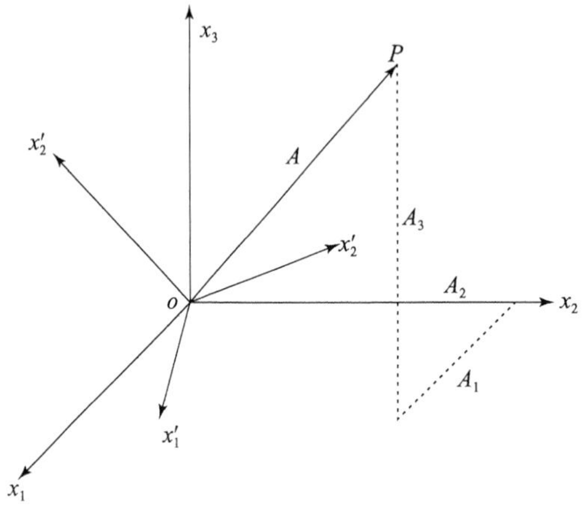

图 6.4　半径矢量和坐标

根据这一事实，可得矩形笛卡儿坐标中向量分量的变换定律：

$$A_i = \beta_{ij} A_j' \tag{6.45}$$

其中，β_{ij} 表示轴 Ox_i 和 Ox_j 之间夹角的余弦。

最后，我们指出，来自体积为 1 的立方体边缘的三个单位向量分别沿着 x_1',x_2',x_3' 。对于以向量 $\boldsymbol{u},\boldsymbol{v},\boldsymbol{w}$ 为边构成的任意平行六面体，其体积可以通过三重乘积 $\boldsymbol{u}\cdot(\boldsymbol{v}\times\boldsymbol{w})$ 或其负值来表示；符号是由三个向量 $\boldsymbol{u},\boldsymbol{v},\boldsymbol{w}$ 按这个顺序是否形成右旋螺旋系统决定的。如果它们是右旋的，那么体积等于它们分量的行列式：

$$\text{体积}=(\boldsymbol{u}\times\boldsymbol{v})\cdot\boldsymbol{w}=\begin{vmatrix} u_1 & u_2 & u_3 \\ v_1 & v_2 & v_3 \\ w_1 & w_2 & w_3 \end{vmatrix} \tag{6.46}$$

假设 $\boldsymbol{x}_1,\boldsymbol{x}_2,\boldsymbol{x}_3$ 和 $\boldsymbol{x}_1',\boldsymbol{x}_2',\boldsymbol{x}_3'$ 是右旋的，那么很明显，β_{ij} 的行列式表示单位立方体的体积，因此值为 1：

$$|\beta_{ij}|=\begin{vmatrix}\beta_{11} & \beta_{12} & \beta_{13}\\ \beta_{21} & \beta_{22} & \rho_{23}\\ \beta_{31} & \beta_{32} & \beta_{33}\end{vmatrix}=1 \tag{6.47}$$

示例五：通过替代过程推导如下方程：

$$\beta_{ik}\beta_{jk}=\delta_{ij} \tag{6.48}$$

根据式（6.31），可得到

$$\frac{\partial x_i}{\partial x_j}=\beta_{ji}\frac{\partial x_i'}{\partial x_j} \tag{6.49}$$

根据式（6.29），可得到

$$x_i' \ =\beta_{ij}x_j \tag{6.50}$$

$$x_j' \ =\beta_{jk}x_k$$

因此，

$$\frac{\partial x_i'}{\partial x_j}=\beta_{jk}\frac{\partial x_k}{\partial x_j} \tag{6.51}$$

因此，将式（6.51）代入式（6.49），可得

$$\frac{\partial x_i}{\partial x_j}=\beta_{ji}\beta_{jk}\frac{\partial x_c}{\partial x_j}=\beta_{ji}\beta_{jk}s_{kj}=\beta_{ik}\beta_{jk} \tag{6.52}$$

因为

$$\frac{\partial x_i}{\partial x_j}=\delta_{ij}$$

所以式（6.52）变为

$$\delta_{ij}=\beta_{ik}\beta_{jk}$$

示例六：一般的坐标变换的张量表达。

一组自变量 x_1,x_2,x_3 可以认为是指定参考系中的点的坐标。从 x_1,x_2,x_3 到新变量 $\overline{x}_1\ \overline{x}_2\ \overline{x}_3$ 的变换可通过以下方程表示：

$$\overline{x}_i=f_i(x_1,x_2,x_3),\quad i=1,2,3 \tag{6.53}$$

定义一种坐标变换，式（6.53）的逆变换为

$$x_i=g_i(\overline{x}_1,\overline{x}_2,\overline{x}_3),\quad i=1,2,3 \tag{6.54}$$

以相反的方向进行。为了确保这种变换是可逆的，并且在变量（ x_1,x_2,x_3 ）的某个区域 T 中一一对应，即为了使每组数字（ $\overline{x}_1\ \overline{x}_2\ \overline{x}_3$ ）能唯一地定义区域 R（ x_1,x_2,x_3 ）中的一组数字，反之亦然，只需满足：(a) 函数 f_i 是单值的、连续的，并且在区域 R 中有连续的偏导数；(b) 雅可比行列式 $J=\left|\frac{\partial x_i}{\partial x_j}\right|$ 在区域 R 的任何一点均不为零。

$$J=\left|\frac{\partial\overline{x}_i}{\partial x_j}\right|=\begin{vmatrix}\dfrac{\partial\overline{x}_1}{\partial x_1} & \dfrac{\partial\overline{x}_1}{\partial x_2} & \dfrac{\partial\overline{x}_1}{\partial x_3}\\ \dfrac{\partial\overline{x}_2}{\partial x_1} & \dfrac{\partial\overline{x}_2}{\partial x_2} & \dfrac{\partial\overline{x}_2}{\partial x_3}\\ \dfrac{\partial\overline{x}_3}{\partial x_1} & \dfrac{\partial\overline{x}_3}{\partial x_2} & \dfrac{\partial\overline{x}_3}{\partial x_3}\end{vmatrix}\neq 0 \tag{6.55}$$

满足上述（a）和（b）条件的坐标变换称为允许变换。

如果雅可比在任何地方都是正的，那么一个右手坐标集被变换为另一个右手集，则该变换是正确的。如果雅可比在任何地方都是负的，那么将右侧的坐标集转换为左侧的坐标集，则该变换是不适当的。

6.1.4 场的张量表示及示例

标量、向量和某些张量的解析定义是什么？设（x_1,x_2,x_3）和（$\overline{x}_1\ \overline{x}_2\ \overline{x}_3$）是由变换定律相关的参考直角笛卡儿坐标的两个固定集合：

$$\overline{x}_i=\beta_{ij}x_j \tag{6.56}$$

其中，β_{ij} 是沿坐标 x_i 和 x_j 的单位向量之间夹角的方向余弦，则

$$\beta_{21}=\cos(\overline{x}_2,x_1) \tag{6.57}$$

$$x_i=\beta_{ji}\overline{x}_j \tag{6.58}$$

一个物理量系统被判定为标量、向量还是张量，具体取决于该系统的分量在变量 x_1,x_2,x_3 中的定义方式，以及当变量 x_1,x_2,x_3 变为 $\overline{x}_1,\overline{x}_2,\overline{x}_3$ 时它们如何变换。如果系统的变量 x_i 中只有一个分量 Φ，在变量 $\overline{x}_i$ 中也只有一个分量 $\overline{\Phi}$，并且在相应的点上 Φ 和 $\overline{\Phi}$ 数值相等，则该系统被称为标量场。

$$\Phi(x_1,x_2,x_3)=\overline{\Phi}(\overline{x}_1,\overline{x}_2,\overline{x}_3) \tag{6.59}$$

如果一个系统在变量 x_i 下有三个分量 ξ_i (i=1,2,3)，在变量 $\overline{x}_i$ 下有三个分量 $\overline{\xi}_i$ (i=1,2,3)，并且如果这些分量与特征定律相关，则称为向量场或一阶张量场。

$$\begin{aligned}\overline{\xi}_i(\overline{x}_1,\overline{x}_2,\overline{x}_3)&=\xi_k(x_1,x_2,x_3)\beta_{ik}\\ \xi_i(x_1,x_2,x_3)&=\overline{\xi}_k(\overline{x}_1,\overline{x}_2,\overline{x}_3)\beta_{ki}\end{aligned} \tag{6.60}$$

将这些定义推广到一个系统，当 i 和 j 在 1，2，3 范围内变化时，它有 9 个分量。我们定义一个秩为 2 的张量场，如果它是一个在变量 x_1,x_2,x_3 中有 9 个分量 t_{ij} 的系统，在变量 $\overline{x}_1,\overline{x}_2,\overline{x}_3$ 中有 9 个分量 $\overline{t}_{ij}$，其中 i 和 j 在 1，2，3 范围内变化。这些分量通过特征定律相关，

$$\begin{aligned}\overline{t}_{ij}(\overline{x}_1,\overline{x}_2,\overline{x}_3)&=t_{mn}(x_1,x_2,x_3)\beta_{im}\beta_{jn}\\ t_{ij}(x_1,x_2,x_3)&=\overline{t}_{mn}(\overline{x}_1,\overline{x}_2,\overline{x}_3)\beta_{mi}\beta_{nj}\end{aligned} \tag{6.61}$$

对更高阶张量场的进一步推广是较为直观的。如果指数取值范围超出 1,2，这些定义显然可以修改为 2 维，或者，如果指数取值范围是 1,2,⋯,n，则这些定义可以修改为 n 维。由于我们的定义是基于从一个矩形笛卡儿参考系到另一个参照系的变换，满足上述定义的系统称为笛卡儿张量。

为什么以这种方式定义向量和张量？

矢量的解析定义旨在遵循位置矢量的概念。众所周知，位置矢量是指从原点（0，0，0）指向某一点（x_1，x_2，x_3）的矢量，它体现了我们对矢量的理解，并且可以用分量（x_1−0，x_2−0，x_3−0），即（x_1，x_2，x_3）表示。当从另一个参考系中看该向量时，可以根据方程（6.56）从旧参考系中计算出新向量的分量，这是半径向量分量的变换定律。将方程（6.56）推广为定义所有向量的方程（6.60），相当于将一个实体称为向量，即具有固定的方向和固定的大小。

这些论述旨在区分矩阵和向量。我们可以将向量的分量以矩阵的形式列出，但并非所有列矩阵都是向量。例如，为了识别我自己，我在列矩阵中列出了我的年龄、电话号码、街道地址和 IP 代码。这个矩阵只是几个名词的罗列，没有向量的意义。我们在将向量的定义从方程（6.60）推广为张量的方程（6.61）时所采取的数学步骤是很自然的。这些方程非常相似，因此，如果我们将一个向量称为一阶张量，就不得不将其他方程称为二阶或三阶张量等。

这些高阶张量的物理意义是什么？最好的例子是应力张量。在法语中，“张力”的意思是“应力”，因此“张量”表示在坐标变换下变换的量系统。

张量方程的意义是什么？张量场最重要的性质是：如果一个张量场的所有分量在一个坐标系中为零，它们在所有通过容许变换获得的坐标系中同样消失。由于给定类型的张量场的和、差是同一类型的张量，我们推导出：如果张量方程可以在我们的坐标系中建立，那么它必须适用于通过容许变换获得的所有坐标系。

张量分析的重要性可以用以下陈述来概括：只有当方程中的每个项都具有相同的张量特征时，方程的形式才能对任何参考系具有一般有效性。

如果这个条件不满足，参照系的简单改变就会破坏关系的形式，因此这种形式就是偶然的。我们看到，在任何物理关系公式中，张量分析与量纲分析一样重要。在量纲分析中，我们研究物理量所经历的变化与基本单位的特定选择。两个物理量不能相等，除非它们具有相同的维度。描述物理关系的方程必须对基本单位的变化保持不变才能相互关联。由于张量变换定律的构造，张量方程与物理规律相一致。例如，一阶张量的定义严格符合矢量的物理概念。例如，秩为一的张量是根据向量的物理概念定义的。

关于向量和张量的符号表示：折叠面使用黑体字还是指标记法表示？

在向量分析中，我们必须区分标量积和向量积。然而，但当涉及张量时，表示它们组合的多种方式可能会变得复杂并具有挑战性。因此，在大多数需要广泛使用张量的理论著作中，例如广义相对论，或固体连续介质力学，通常都采用索引符号。在这种符号表示中，向量和张量被解析为相对于参考系的分量，并用符号表示，如 u_i，u_{ij} 等。索引符号清晰地显示了张量的秩和范围，无须记忆任何特殊的组合规则。它有效地展示了参考框架的作用。然而，前面提到的指标记法的优点同时也是它的一个弱点：它会使读者的注意力从物理实体本身转移开。在权衡各种记法的优缺点后，我们得出结论，指标记法是不可或缺的。它在代数和解析运算中的清晰性远远胜过其他任何缺点。

商法则是什么？

考虑一组 n^3 函数 A（1,1,1）、A（1,1,2）、A（1,2,3）等，或简写为 A（i,j,k），其中 i,j,k 在 $1,2,\cdots,n$ 范围内变化。

虽然函数集 A（i,j,k）有分量符号，但我们不知道它是否是一个张量。现在假设我们对 A（i,j,k）与任意张量的乘积的性质有一些了解。这种方法使我们能够确定 A（i,j,k）是否是一个张量，而无须直接确定变换定律。

例如，设 ξ_i 为一个向量，假设乘积 $A(i,j,k)$（使用求和约定对 i 进行求和）能产生一种类型的张量 $A_{jk}(x)$

$$A(i,j,k)\xi_i = A_{jk} \tag{6.62}$$

那么可以证明 $A(i,j,k)$是 $A_{ijk}(x)$ 类型的张量。

证明过程很简单。

由于 $A(i,j,k)\xi_i$ 的类型为 A_{jk}，因此将其转换为 $\overline{x}$ 坐标为

$$\begin{gathered}\overline{A}(i,j,k)\overline{\xi}_i = \overline{A}_j = \beta_{jk}\beta_{ks}A_{rs} = \beta_{jr}\beta_{ks}[A(m,r,s)\xi_m] \\ \xi_m = \beta_{im}\overline{\xi}_i\end{gathered} \tag{6.63}$$

在上述方程的一侧将所有项进行转置，我们得到

$$\left[\overline{A}(i,j,k) - \beta_{jr}\beta_{ks}\beta_{im}A(m,r,s)\right]\overline{\xi}_i = 0 \tag{6.64}$$

现在 $\overline{\xi}_i$ 是一个任意向量。因此，括号内的数量必须为零，我们有

$$\overline{A}(i,j,k) = \beta_{im}\beta_{jr}\beta_{ks}A(m,r,s) \tag{6.65}$$

这正是 A_{ijk} 型张量的变换定律。前面示例的模式可以推广到高阶张量。

示例：偏导数的张量表达。

我们来考虑偏导数。重要的是要知道：当只考虑笛卡儿坐标时，任何张量场的偏导数表现出类似于笛卡儿张量分量的行为。为了说明这一点，我们考虑两组笛卡儿坐标（x_1,x_2,x_3）和$(\overline{x}_1,\overline{x}_2,\overline{x}_3)$相关，则有

$$\overline{x_i} = \beta_{ij}x_j + \alpha_i \tag{6.66}$$

其中，β_{ij} 和 α_i 是恒定的。现在，如果 $\xi_i(x_1,x_2,x_3)$ 是一个张量，则有

$$\overline{\xi}_i(\overline{x}_1,\overline{x}_2,\overline{x}_3) = \xi_k(x_1,x_2,x_3)\beta_{ik} \tag{6.67}$$

然后，在方程两边同时微分，得到

$$\frac{\partial\overline{\xi}}{\partial x_j} = \beta_{ik}\frac{\partial\xi_k}{\partial x_m}\frac{\partial x_m}{\partial\overline{x}_j} = \beta_{ik}\beta_{jm}\frac{\partial\xi_k}{\partial x_m}$$

得以验证。

使用逗号来表示部分微分是一种常见的做法。因此有

$$\xi_{i,j} \equiv \frac{\partial\xi_i}{\partial x_j},\quad \phi_{,i} \equiv \frac{\partial\phi}{\partial x_i},\quad \sigma_{ij,k} \equiv \frac{\partial\sigma_{ij}}{\partial x_k}$$

当我们限制在笛卡儿坐标上时，$\phi_{,i}$、ξ_{ij} 和 $\sigma_{ij,k}$ 分别是秩为 1,2,3 的张量，前提是 ξ、ϕ、σ_{ij} 是张量。

$$\boldsymbol{v} = \nabla\times\nabla\times\boldsymbol{v} = \nabla\times\left(\epsilon_{klm}\frac{\partial v_m}{\partial x_l}\right) = \epsilon_{ijk}\frac{\partial}{\partial x_j}\left(\frac{\partial v_m}{\partial x_l}\right) = \epsilon_{ijk}\epsilon_{lmk}\frac{\partial^2 v_m}{\partial x_j x_l}$$

$$= (\delta_{il}\delta_{jm} - \delta_{im}\delta_{jl})\frac{\partial^2 v_m}{\partial x_j x_l} = \left(\delta_{il}\frac{v^2 v_j}{\partial x_j x_l} - \delta_{jl}\frac{v^2 v_j}{\partial x_j x_l}\right) = \frac{\partial^2 v_j}{\partial x_j x_i} - \frac{\partial^2 v_j}{\partial x_j x_j}$$

$$= \frac{\partial}{\partial x_i}\frac{\partial v_j}{\partial x_j} - \frac{\partial}{\partial x_j}\frac{\partial v_i}{\partial x_j} = \nabla(\nabla\cdot\boldsymbol{v}) - \nabla\nabla\boldsymbol{v} = \text{grad div}\boldsymbol{v} - \nabla^2\boldsymbol{v}$$

示例：张量表示在场论证明中的应用。

设 $\boldsymbol{r}$ 为场中典型点的半径向量，r 为 $\boldsymbol{r}$ 的大小，证明 $\text{div}(r^n\boldsymbol{r}) = (n+3)r^n$。

证明：

$$\boldsymbol{r} = x_i,\quad \text{div}\boldsymbol{r} = \nabla\cdot\boldsymbol{r} = \frac{\partial x_i}{\partial x_i} = 3$$

$$r^2 = x_i x_i$$

所以

$$\frac{\partial}{\partial x_i}(r^2) = \frac{\partial}{\partial x_i}(x_i x_i)$$

因此，

$$2r\frac{\partial r}{\partial x_i} = x_i + x_i = 2x_i$$

所以

$$\frac{\partial r}{\partial x_i} = \frac{x_i}{r}$$

$$\text{div}(r^n\boldsymbol{r}) = \nabla\cdot(r^n\boldsymbol{r})$$

因此，

$$\frac{\partial}{\partial x_i}(r^n x_i) = r^n\frac{\partial x_i}{\partial x_i} + x_i\frac{\partial r^n}{\partial x_i} = r^n + x_i\left(nr^{n-1}\frac{\partial r}{\partial x_i}\right)$$

$$= 3r^n + x_i\left(nr^{n-1}\frac{x_i}{r}\right) = 3r^n + nr^{n-2}x_i x_i = (n+3)r^n$$

6.2　动弹性力学中的问题陈述

我们考虑一个物体 B 占据空间中的规则区域 V，该区域可能是有界的，也可能是无界的，内部有 V 和 S 边界。均质、各向同性、线弹性物体运动的方程组包括应力运动方程、胡克定律和应变–位移关系，分别如下：

$$\sigma_{ij,j} + \rho f_i = \rho\ddot{u}_i \tag{6.68}$$

$$\sigma_{ij} = \lambda\varepsilon_{kk}\delta_{ij} + 2G\varepsilon_{ij} \tag{6.69}$$

$$\varepsilon_{ij} = \frac{1}{2}(u_{i,j} + u_{j,i}) \tag{6.70}$$

将应变–位移关系代入胡克定律，将应力表达式代入应力运动方程，得到位移运动方程

$$Gu_{i,jj} + (\lambda + G)u_{j,ji} + \rho f_i = \rho \ddot{u}_i \tag{6.71}$$

方程（6.68）～方程（6.70）必须在未变形体 B 的每个内点，即在域 V 中满足。在未变形物体的表面 S 上，必须规定边界条件。以下边界条件最为常见。

（a）位移边界条件：在边界上规定了三个分量。

（b）牵引边界条件：在边界上规定了三个牵引分量 t_i，具有单位法线 $\boldsymbol{n}$。通过柯西公式，可得

$$t_i = \sigma_{ji} n_j \tag{6.72}$$

该情况实际上对应于对应力张量的三个分量施加的约束条件。

（c）部分边界 S_1 上的位移边界条件和其余部分 $S\text{-}S_1$ 上的牵引边界条件。

为了完成问题陈述，我们定义了初始条件：在 V 中，在时间 $t=0$ 时，

$$\begin{aligned} u_i(x,0) &= u_i(x) \\ \dot{u}_i(x,0^+) &= v_i(x) \end{aligned} \tag{6.73}$$

如果 $S_1=S$，则在整个边界 S 上规定了位移边界条件。对于 $S_1=0$，边界条件仅与应力相关。具体可采用以下形式来表示边界条件

$$u_i = U_i(x_j, t)\text{，在 } S_1 \tag{6.74}$$

$$\sigma_{ji} n_j = t_i(x_j, t)\text{，在 } S\text{-}S_1 \tag{6.75}$$

上述边界条件定义了一个混合边值问题。

除了形状非常简单的物体，如半空间、层或圆柱体，要获得弹性动力学边值问题的解相当困难。

为了推导运动方程，即方程（6.68），根据平衡方程（1.24），有

$$\begin{aligned} \frac{\partial \sigma_x}{\partial x} + \frac{\partial \tau_{xy}}{\partial y} + \frac{\partial \tau_{xz}}{\partial z} + X = 0 \\ \frac{\partial \tau_{xy}}{\partial x} + \frac{\partial \sigma_y}{\partial y} + \frac{\partial \tau_{yz}}{\partial z} + Y = 0 \\ \frac{\partial \tau_{xz}}{\partial x} + \frac{\partial \tau_{yz}}{\partial y} + \frac{\partial \sigma_z}{\partial z} + Z = 0 \end{aligned}$$

物体力 X，Y，Z 可以表示为 ρf_i，并且包括惯性力，以根据平衡方程建立运动方程，因此有

$$\begin{aligned} \frac{\partial \sigma_x}{\partial x} + \frac{\partial \tau_{xy}}{\partial y} + \frac{\partial \tau_{xz}}{\partial z} + \rho f_x = \rho \ddot{u}_x \\ \frac{\partial \tau_{xy}}{\partial x} + \frac{\partial \sigma_y}{\partial y} + \frac{\partial \tau_{yz}}{\partial z} + \rho f_y = \rho \ddot{u}_y \\ \frac{\partial \tau_{xz}}{\partial x} + \frac{\partial \tau_{yz}}{\partial y} + \frac{\partial \sigma_z}{\partial z} + \rho f_z = \rho \ddot{u}_z \end{aligned} \tag{6.76}$$

使用索引表示法表示运动方程，即方程（6.76），可以表示为方程（6.68），即

$$\sigma_{ij,j} + \rho f_i = \rho \ddot{u}_i\text{，}\quad i,j = 1,2,3$$

为了推导应变-位移关系，即方程（6.70），我们使用方程（1.17），得

$$\varepsilon_x = \frac{\partial u}{\partial x}\text{，}\quad \varepsilon_y = \frac{\partial v}{\partial y}\text{，}\quad \varepsilon_z = \frac{\partial w}{\partial z}$$

$$\gamma_{xy} = \frac{\partial u}{\partial y} + \frac{\partial v}{\partial x}\text{，}\quad \gamma_{xz} = \frac{\partial u}{\partial z} + \frac{\partial w}{\partial x}\text{，}\quad \gamma_{yz} = \frac{\partial v}{\partial z} + \frac{\partial w}{\partial y}$$

将上述方程改写为

$$\varepsilon_x = \frac{1}{2}\left(\frac{\partial u}{\partial x} + \frac{\partial u}{\partial x}\right)\text{，}\quad \varepsilon_y = \frac{1}{2}\left(\frac{\partial v}{\partial y} + \frac{\partial v}{\partial y}\right)\text{，}\quad \varepsilon_z = \frac{1}{2}\left(\frac{\partial w}{\partial z} + \frac{\partial w}{\partial z}\right)$$

$$\varepsilon_{xy} = \frac{1}{2}\left(\frac{\partial u}{\partial y} + \frac{\partial v}{\partial x}\right) = \frac{1}{2}\gamma_{xy}\text{，}\quad \varepsilon_{xz} = \frac{1}{2}\left(\frac{\partial u}{\partial z} + \frac{\partial w}{\partial x}\right) = \frac{1}{2}\gamma_{xz}\text{，}\quad \varepsilon_{yz} = \frac{1}{2}\left(\frac{\partial v}{\partial z} + \frac{\partial w}{\partial y}\right) = \frac{1}{2}\gamma_{yz}$$

使用指数表示法，应变-位移关系是

$$\varepsilon_{ij} = \frac{1}{2}(u_{i,j} + u_{j,i})\text{，}\quad i,j = 1,2,3 \tag{6.77}$$

使用各向同性张量，可以推导出各向同性弹性固体的应力-应变关系的最一般形式，即方程（6.69）。

在欧几里得度量空间中，各向同性张量被定义为一种张量，其在任何矩形笛卡儿系统中的分量在坐标的正交变换下保持不变。

根据定义，从 x_1, x_2, x_3 到 $\overline{x}_1, \overline{x}_2, \overline{x}_3$ 的正交变换是

$$\overline{x}_i = \beta_{ij} x_j + \alpha_i\text{，}\quad i = 1,2,3 \tag{6.78}$$

当 β_{ij} 和 α_i 是常数时，在限制条件下，

$$\beta_{ik}\beta_{jk} = \delta_{ij} \tag{6.79}$$

如果将坐标轴的右旋系统变换为另一个右旋系统，则称正交变换是正确的。

各向同性的概念一直被用作连续体力学中的一个简化假设。力学性能与材料的方向无关的材料被称为各向同性材料。例如，如果我们对某种金属进行张力测试，可能会发现：①结果不取决于拉伸试样从铸锭上切割的方向；②横向收缩在垂直于牵拉方向的每个方向上都是相同的。同样，在扭转实验中，我们可能会发现，无论试样从铸锭上以何种方向切割，结果都是相同的。具有三种性质的材料引出了各向同性的概念。

为了给出精确的定义，我们使用了本构方程：如果材料的本构方程（应力应变方程）在坐标的正交变换下不变，则称其为各向同性。例如，如果本构方程是 $\sigma_{ij} = C_{ijkl}\varepsilon_{kl}$，在进行正交变换后，该法则变为 $\overline{\sigma_{ij}} = C_{ijkl}\overline{\varepsilon_{kl}}$，其中带有横线的量指的是新坐标。

如果一种材料是各向同性的，那么它的本构方程就会大大简化。如果一个各向同性的材料服从应力-应变关系

$$\sigma_{ij} = C_{ijkl}\varepsilon_{kl} \tag{6.80}$$

那么独立弹性常数 C_{ijkl} 的数量精确地减少到两个。类似的情况也适用于线性黏性流体。

研究各向同性张量是很方便的，而不考虑应力-应变定律，但这是一种联系。我们将证明，如果

$$\sigma_{ij} = C_{ijkl}\varepsilon_{kl} \tag{6.81}$$

是各向同性的，那么 C_{ijkl} 就是各向同性张量。

证明：根据商规则，C_{ijkl} 是一个秩为 4 的张量。因此，根据张量变换规则进行变换。现在将式（6.81）转换为新的坐标 $\overline{x}_i$，我们得到

$$\overline{\sigma}_{ij} = \overline{C}_{ijkl}\overline{\varepsilon}_{kl} \tag{6.82}$$

但材料各向同性的定义要求

$$\overline{\sigma}_{ij} = C_{ijkl}\overline{\varepsilon}_{kl} \tag{6.83}$$

因此，通过比较式（6.82）和式（6.83），我们得到

$$\overline{C}_{ijkl} = C_{ijkl} \tag{6.84}$$

因此，C_{ijkl} 是一个各向同性张量。让我们列出一些各向同性张量。当然，所有的标量都是各向同性的。

但不存在秩为 1 的各向同性张量。因为如果向量 A_i（即 A）是各向同性的，它必须满足以下方程

$$\overline{A}_i = A_i = \beta_{ij}A_j \tag{6.85}$$

对于所有可能的正交变换，特别是在绕 x_1 轴旋转 180°的情况下，

$$\begin{aligned}\overline{x}_1 &= x_1\\ \overline{x}_2 &= -x_2\\ \overline{x}_3 &= -x_3\end{aligned}，\quad (\beta_{ij}) = \begin{pmatrix}1 & 0 & 0\\ 0 & -1 & 0\\ 0 & 0 & -1\end{pmatrix} \left|\beta_{ij}\right| = 1 \tag{6.86}$$

式（6.85）变为

$$A_1 = A_1,\quad A_2 = -A_2,\quad A_3 = -A_3$$

因此，$A_2 = A_3 = 0$。类似地，遵循相同的论点，$A_1 = 0$。

从而证明了秩为 1 的各向同性张量的不存在性。

对于秩为 2 的张量，δ_{ji} 是各向同性张量，变为

$$\begin{aligned}\overline{\delta}_{ij} &= \beta_{im}\beta_{jn}\delta_{mn} && \text{(张量定义)}\\ &= \beta_{im}\beta_{jm} && (\text{如果} m \neq n, \text{则有} \delta_{mn} = 0)\\ &= \delta_{ij} && (\text{根据方程(6.79)})\end{aligned}$$

秩为 4 的各向同性张量在材料本构方程中具有特殊重要性。

很容易看出，由于单位张量 δ_{ij} 是各向同性的，因此张量

$$\delta_{ij}\delta_{kl},\ \delta_{ik}\delta_{jl} + \delta_{il}\delta_{jk},\quad \delta_{ik}\delta_{jl} - \delta_{il}\delta_{jk} = \varepsilon_{sij}\varepsilon_{skl}$$

是各向同性的。如果是秩为 4 的各向同性张量，那么它的形式是

$$\lambda\delta_{ij}\delta_{kl} + G(\delta_{ik}\delta_{jl} + \delta_{il}\delta_{jk}) + \nu(\delta_{ik}\delta_{jl} - \delta_{il}\delta_{jk}) \tag{6.87}$$

其中，λ, G, ν 是标量。此外，如果 u_{ijkl} 具有对称性，则

$$u_{ijkl} = u_{jikl}, \qquad u_{ijkl} = u_{ijlk} \tag{6.88}$$

$$u_{ijkl} = \lambda\delta_{ij}\delta_{kl} + G(\delta_{ik}\delta_{jl} + \delta_{il}\delta_{jk}) \tag{6.89}$$

对于上述理论，Prager（2004）给出了详细的证明。如果弹性固体是各向同性的，则方程（6.80）中的张量C_{ijkl}可表示为

$$\sigma_{ij} = C_{ijkl}\varepsilon_{kl} \tag{6.90}$$

此外，已经表明$C_{ijkl} = C_{jikl}$，由于应力是对称的，并且应变张量$C_{ijkl} = C_{ijlk}$是对称的，总和$C_{ijkl}\varepsilon_{kl}$是可对称的，而不损失一般性。

因此，根据式（6.89），有

$$C_{ijkl} = \lambda\delta_{ij}\delta_{kl} + G(\delta_{ik}\delta_{jl} + \delta_{il}\delta_{jk}) \tag{6.91}$$

并且方程（6.90）变为

$$\begin{aligned}\sigma_{ij} &= C_{ijkl}\varepsilon_{kl} \\ &= \lambda\delta_{ij}\delta_{kl}\varepsilon_{kl} + G(\delta_{ik}\delta_{jl} + \delta_{il}\delta_{jk})\varepsilon_{kl} \\ &= \lambda\delta_{ij}\varepsilon_{kk} + G(\delta_{ik}\delta_{jl}\varepsilon_{kl} + \delta_{il}\delta_{jk}\varepsilon_{kl}) \\ &= \lambda\varepsilon_{kk}\delta_{ij} + G(\delta_{ik}\varepsilon_{jk} + \delta_{il}\varepsilon_{jl}) \\ &= \lambda\varepsilon_{kk}\delta_{ij} + G(\varepsilon_{ij} + \varepsilon_{ij})\end{aligned}$$

因此，

$$\sigma_{ij} = \lambda\varepsilon_{kk}\delta_{ij} + 2G\varepsilon_{ij} \tag{6.92}$$

式（6.92）是各向同性固体的应力-应变关系的最一般形式，其中应力是应变的线性函数，即式（6.69）被证明。因此，各向同性弹性固体的特征在于两个材料常数λ和 G。类似地，各向同性黏性流体受以下关系支配：

$$\sigma_{ij} = -p\delta_{ij} + \lambda v_{kk}\delta_{ij} + 2Gv_{ij} \tag{6.93}$$

还有其他方法可以表征各向同性。例如，可以通过应变能函数来定义弹性体的性质，即$W(\varepsilon_{11}, \varepsilon_{12}, \varepsilon_{13}, \cdots, \varepsilon_{33})$，应变能函数是应变分量的函数，并且通过以下关系来定义应力分量

$$\sigma_{ij} = \frac{\partial W}{\partial \varepsilon_{ij}} \tag{6.94}$$

那么各向同性可以表达为应变能量函数W仅取决于应变的不变量的情况。例如，使用应变不变量

$$I_1 = \varepsilon_{ii}$$

$$I_2 = \frac{1}{2}\varepsilon_{ij}\varepsilon_{ji}$$

$$I_3 = \frac{1}{3}\varepsilon_{ij}\varepsilon_{jk}\varepsilon_{ki}$$

可以指定$W = (\varepsilon_{11,}\varepsilon_{12}, \varepsilon_{13}, \cdots, \varepsilon_{33})$为函数，表达为

$$W = W(I_1, I_2, I_3) \tag{6.95}$$

由于不变量在所有坐标旋转下都保持其形式（和值），因此相同的属性适用于关系

$\sigma_{ij}=\dfrac{\partial W}{\partial \varepsilon_{ij}}$，即式（6.94）。根据式（6.92），建立了本构方程或胡克定律，即导出式（6.69）。为了推导式（6.71），即位移运动方程，我们将式（6.69）和式（6.70）代入式（6.68）中，得

$$\varepsilon_{ij}=\frac{1}{2}(u_{i,j}+u_{j,i})$$

所以

$$\varepsilon_{kk}=u_{k,k}$$

且

$$\sigma_{ij}=\lambda\varepsilon_{kk}\delta_{ij}+2G\varepsilon_{ij}=\lambda u_{k,k}\delta_{ij}+G(u_{i,j}+u_{j,i})$$

因此，

$$\begin{aligned}\sigma_{ij,j}&=[\lambda u_{k,k}\delta_{ij}+G(u_{i,j}+u_{j,i})]_{,j}\\&=\lambda u_{k,kj}\delta_{ij}+Gu_{i,jj}+Gu_{j,ij}\\&=\lambda u_{k,ki}+Gu_{i,jj}+Gu_{j,ij}\\&=\lambda u_{j,ji}+Gu_{i,jj}+Gu_{j,ij}\\&=Gu_{i,jj}+(\lambda+G)u_{j,ji}\end{aligned}$$

因此，$\sigma_{ij,j}+\rho f_i=\rho\ddot{u}_i$ 变成

$$Gu_{i,jj}+(\lambda+G)u_{j,ji}+\rho f_i=\rho\ddot{u}_i \tag{6.96}$$

因此，证明了式（6.71）。

第 7 章 基于位移位推导的弹性波方程

7.1 弹性波方程的导出

在没有外力的情况下，位移运动方程可表示成张量形式，如下所示：

$$Gu_{i,jj} + (\lambda + G)u_{j,ji} = \rho \ddot{u}_i \tag{7.1}$$

和往常一样，求和条件隐含在公式中。该方程组具有一个不利的特征，即它耦合了三个位移分量。当然，方程组可以通过消除三个位移分量中的两个分量来解耦，但这会产生六阶偏微分方程。一种更方便的方法是用位的导数来表示位移矢量的分量。

在矢量表示法中，位移运动方程（7.1）可以写成

$$G\nabla^2 \boldsymbol{u} + (\lambda + G)\nabla\nabla \cdot \boldsymbol{u} = \rho \ddot{\boldsymbol{u}} \tag{7.2}$$

让我们考虑如下形式的位移向量分解：

$$\boldsymbol{u} = \operatorname{grad}\phi + \operatorname{curl}\psi = \nabla\phi + \nabla \times \psi \tag{7.3}$$

表示任何一个向量场可以写成两个向量场之和。式中，ϕ 和 $\boldsymbol{\varPsi}$ 为位移位，ϕ 是标量位，$\boldsymbol{\varPsi}$ 是向量位；$\nabla\phi$ 表示标量位的梯度，$\nabla \times \psi$ 表示向量位的旋度。

将方程（7.3）代入方程（7.2）中得到

$$G\nabla^2(\nabla\phi + \nabla \times \psi) + (\lambda + G)\nabla\nabla \cdot (\nabla\phi + \nabla \times \psi) = \rho \frac{\partial^2}{\partial t^2}(\nabla\phi + \nabla \times \psi)$$

由于 $\nabla \cdot \nabla\phi = \nabla^2\phi$，$\nabla \cdot \nabla \times \psi = 0$，我们得到

$$\nabla[(\lambda + 2G)\nabla^2\phi - \rho\ddot{\phi}] + \nabla \times [G\nabla^2\psi - \rho\ddot{\psi}] = 0 \tag{7.4}$$

注意，方程（7.4）是运动方程，并且位移满足运动方程，如果

$$\nabla^2\phi = \frac{1}{c_{\mathrm{L}}^2}\ddot{\phi} \tag{7.5}$$

$$\nabla^2\psi = \frac{1}{c_{\mathrm{T}}^2}\ddot{\psi} \tag{7.6}$$

其中 $c_{\mathrm{L}}^2 = \dfrac{\lambda + 2G}{\rho}$，且

$$c_{\mathrm{T}}^2 = \frac{G}{P} \tag{7.7}$$

这里方程（7.5）和方程（7.6）是解耦波动方程。参考方程（2.13）和方程（2.14），我们得到

$$c_1 = c_{\mathrm{L}} = \sqrt{\frac{\lambda + 2G}{\rho}}, \quad c_2 = c_{\mathrm{T}} = \sqrt{\frac{G}{\rho}}$$

它们表明，两种类型的扰动具有不同速度，并且可以通过弹性固体传播。c_{L} 和 c_{T} 分别是平

面纵波和横波的速度，也称为剪切波、等体积波。因此，通过引入势ϕ和矢量ψ，可以将线弹性问题简化为求解波动方程的问题。如果考虑静态平衡，那么所有关于时间的导数都消失了，我们从方程（7.5）和方程（7.6）中可以得到

$$\nabla^2\phi = 常数, \quad \nabla^2\psi = 常数 \tag{7.8}$$

基于方程（7.8）的静力学的一些应用可以在“固体力学基础”中找到（Fung，1977）。例如，“承受内外压力的空心球”是弹性力学中的一个重要的实际问题。

注意：

（1）将方程（7.3）代入方程（7.2），即可得到方程（7.4）。

$$\nabla\cdot\nabla\phi = \nabla^2\phi\ ,\ \nabla\cdot\nabla\times\psi = 0$$

$$\boldsymbol{u} = \nabla\phi + \nabla\times\psi \tag{7.9}$$

$$G\nabla^2\boldsymbol{u} + (\lambda+G)\nabla\nabla\cdot\boldsymbol{u} = \rho\ddot{\boldsymbol{u}} \tag{7.10}$$

将方程（7.3）代入方程（7.2），我们得到

$$G\nabla^2(\nabla\phi+\nabla\times\psi) + (\lambda+G)\nabla\nabla\cdot(\nabla\phi+\nabla\times\psi) = \rho\frac{\partial^2}{\partial t^2}(\nabla\phi+\nabla\times\psi)$$

所以

$$\nabla G\nabla^2\phi + \nabla\times G\nabla^2\psi + (\lambda+G)\nabla\nabla^2\phi + (\lambda+G)\nabla\nabla\cdot\nabla\times\psi = \rho\frac{\partial^2}{\partial t^2}(\nabla\phi+\nabla\times\psi) \tag{7.11}$$

$$\nabla[(\lambda+2G)\nabla^2\phi - \rho\ddot{\phi}] + \nabla\times[G\nabla^2\psi - \rho\ddot{\psi}] = 0$$

（2）$\nabla\cdot\nabla\times\boldsymbol{u}=0$，$\nabla\times\nabla f = 0$。

（a）$\nabla\cdot\nabla\times\boldsymbol{u} = \mathrm{Div}\ (\mathrm{curl}\ \boldsymbol{u}) = 0$。

证明：

$$\nabla\times\boldsymbol{u} = \begin{vmatrix} \boldsymbol{i} & \boldsymbol{j} & \boldsymbol{k} \\ \dfrac{\partial}{\partial x} & \dfrac{\partial}{\partial y} & \dfrac{\partial}{\partial z} \\ u_x & u_y & u_z \end{vmatrix}$$

$$= \boldsymbol{i}\frac{\partial u_z}{\partial y} + \boldsymbol{j}\frac{\partial u_x}{\partial z} + \boldsymbol{k}\frac{\partial u_y}{\partial x} - \boldsymbol{k}\frac{\partial u_x}{\partial y} - \boldsymbol{j}\frac{\partial u_z}{\partial x} - \boldsymbol{i}\frac{\partial u_y}{\partial z}$$

$$= \left(\frac{\partial u_z}{\partial y} - \frac{\partial u_y}{\partial z}\right)\boldsymbol{i} + \left(\frac{\partial u_x}{\partial z} - \frac{\partial u_z}{\partial x}\right)\boldsymbol{j} + \left(\frac{\partial u_y}{\partial x} - \frac{\partial u_x}{\partial y}\right)\boldsymbol{k}$$

$$\nabla\cdot\nabla\times\boldsymbol{u} = \left(\frac{\partial}{\partial x}\boldsymbol{i} + \frac{\partial}{\partial y}\boldsymbol{j} + \frac{\partial}{\partial z}\boldsymbol{k}\right)\left[\left(\frac{\partial u_z}{\partial y} - \frac{\partial u_y}{\partial z}\right)\boldsymbol{i} + \left(\frac{\partial u_x}{\partial z} - \frac{\partial u_z}{\partial x}\right)\boldsymbol{j} + \left(\frac{\partial u_y}{\partial x} - \frac{\partial u_x}{\partial y}\right)\boldsymbol{k}\right]$$

$$= \frac{\partial}{\partial x}\left(\frac{\partial u_z}{\partial y} - \frac{\partial u_y}{\partial z}\right)\boldsymbol{i}\cdot\boldsymbol{i} + \frac{\partial}{\partial x}\left(\frac{\partial u_x}{\partial z} - \frac{\partial u_z}{\partial x}\right)\boldsymbol{i}\cdot\boldsymbol{j} + \frac{\partial}{\partial x}\left(\frac{\partial u_y}{\partial x} - \frac{\partial u_x}{\partial y}\right)\boldsymbol{i}\cdot\boldsymbol{k}$$

$$+ \frac{\partial}{\partial y}\left(\frac{\partial u_z}{\partial y} - \frac{\partial u_y}{\partial z}\right)\boldsymbol{j}\cdot\boldsymbol{i} + \frac{\partial}{\partial y}\left(\frac{\partial u_x}{\partial z} - \frac{\partial u_z}{\partial x}\right)\boldsymbol{j}\cdot\boldsymbol{j} + \frac{\partial}{\partial y}\left(\frac{\partial u_y}{\partial x} - \frac{\partial u_x}{\partial y}\right)\boldsymbol{j}\cdot\boldsymbol{k}$$

$$
+\frac{\partial}{\partial z}\left(\frac{\partial u_z}{\partial y}-\frac{\partial u_y}{\partial z}\right)\boldsymbol{k}\cdot\boldsymbol{i}+\frac{\partial}{\partial z}\left(\frac{\partial u_x}{\partial z}-\frac{\partial u_z}{\partial x}\right)\boldsymbol{k}\cdot\boldsymbol{j}+\frac{\partial}{\partial z}\left(\frac{\partial u_y}{\partial x}-\frac{\partial u_x}{\partial y}\right)\boldsymbol{k}\cdot\boldsymbol{k}
$$

$$
=\frac{\partial^2 u_z}{\partial x\partial y}-\frac{\partial^2 u_y}{\partial x\partial z}+\frac{\partial^2 u_x}{\partial y\partial z}-\frac{\partial^2 u_z}{\partial y\partial x}+\frac{\partial^2 u_y}{\partial z\partial x}-\frac{\partial^2 u_x}{\partial z\partial y}
$$

$$
=0
$$

（b） $\nabla\times\nabla\boldsymbol{f}=\text{curl}\,(\text{grad}\,\boldsymbol{f})$。

标量场的梯度为

$$
\nabla\boldsymbol{f}=\frac{\partial f}{\partial x}\boldsymbol{i}+\frac{\partial f}{\partial y}\boldsymbol{j}+\frac{\partial f}{\partial z}\boldsymbol{k}
$$

$$
\nabla\times(\nabla\boldsymbol{f})=\begin{vmatrix}\boldsymbol{i} & \boldsymbol{j} & \boldsymbol{k}\\ \dfrac{\partial}{\partial x} & \dfrac{\partial}{\partial y} & \dfrac{\partial}{\partial z}\\ \dfrac{\partial f}{\partial x} & \dfrac{\partial f}{\partial y} & \dfrac{\partial f}{\partial z}\end{vmatrix}
$$

所以

$$
\begin{aligned}
\nabla\times(\nabla\boldsymbol{f})&=\frac{\partial^2 f}{\partial y\partial z}\boldsymbol{i}+\frac{\partial^2 f}{\partial z\partial x}\boldsymbol{j}+\frac{\partial^2 f}{\partial x\partial y}\boldsymbol{k}\\
&\quad-\frac{\partial^2 f}{\partial y\partial z}\boldsymbol{i}-\frac{\partial^2 f}{\partial x\partial z}\boldsymbol{j}-\frac{\partial^2 f}{\partial y\partial x}\boldsymbol{k}\\
&=0
\end{aligned}
$$

因此，如果一个向量函数是标量函数的梯度，那么它的旋度就是零向量。旋度表征场中的旋转，因此更简洁地说，描述运动的梯度场是无旋的。尽管标量位 ϕ 和矢量位 $\boldsymbol{\varPsi}$ 的分量通常通过边界条件耦合，但这仍然会导致大量的数学复杂性，但使用位移分解通常会使分析简化。

7.2　示例：应用位移位推导波动方程

通过确定边界初始值问题，可以更简单地根据任意函数或任意函数上的积分来选择满足方程（7.5）和方程（7.6）的适当特定解。如果可以选择这些函数，从而满足边界条件和初始条件，那么问题的解决方案已经找到。

根据唯一性定理，该解是唯一的。解的唯一性的详细证明可以在弹性力学或固体力学的书籍中找到（Timoshenko and Gere，2012；Fung，1965）。我们必须注意，唯一性定理只在自然状态的邻域中证明。事实上，当应变能函数不能保持正定时，可能会出现一个多值解或几个解。Kirchhoff 和 Neumann 的唯一性定理是势方法的基础。因为当解的唯一性成立时，只需要找到给定边值问题的“一个”解，即该解就是“唯一”的解。

但对于我们的理论来说，能够以某种方式违反解的唯一性是至关重要的。我们知道弹性杆可能会弯曲，薄壳可能会倒塌，飞机机翼可能会颤动等。一大类实际稳定性问题与解的唯一性损失有关。例如，考虑施加到悬臂杆末端的轴向载荷，如果该载荷的方向是固定的，那么它是保守的。如果该载荷在方向上不固定，而是在屈曲过程中可能发生旋转，那么它是非保守的。因此，不能使用势能法。

应该注意的是，方程（7.3）将位移矢量的三个分量与其他四个函数联系起来：标量势以及矢量势的三个分量。这表明ϕ和ψ的分量应该受到额外的约束条件。一般来说，ψ的分量被认为是存在某种关系的。毫无疑问，这种关系并不总是

$$\nabla\cdot\psi=\psi_{i,i}=0 \tag{7.12}$$

作为额外的约束条件。这种关系的优点是它与向量的亥姆霍兹分解一致。有趣的是，位移方程即方程（7.1），也被称为著名的纳维（Navier）方程。

示例：使用指数表示法和附加约束条件方程（7.12）从纳维方程推导波动方程。

纳维方程，即位移运动方程，在没有外力的情况下表达为

$$Gu_{i,jj}+(\lambda+G)u_{j,ji}=\rho\frac{\partial u_i}{\partial t^2} \tag{7.13}$$

这可以写成

$$G\nabla^2 u_i+(\lambda+G)e_{,i}=\rho\frac{\partial^2 u_i}{\partial t^2} \tag{7.14}$$

其中

$$\boldsymbol{e}=u_{j,j}\text{，即方程（1.19）} \tag{7.15}$$

$$\nabla^2 u_i=(u_i)_{,jj} \tag{7.16}$$

设位移矢量场 u_1，u_2，u_3 由标量势$\phi(x_1,x_2,x_3,t)$和矢量势$\psi(x_1,x_2,x_3,t)$的三重表示，i=1,2,3，使得

$$\boldsymbol{u}=\text{grad}\phi+\text{curl}\psi=\nabla\phi+\nabla\times\psi$$

或

$$u_i=\frac{\partial\phi}{\partial x_i}+\varepsilon_{ijk}\frac{\partial\psi_k}{\partial x_j} \tag{7.17}$$

$\psi_{ii}=0$，即方程（7.12）。

将方程（7.17）代入线性弹性理论中对于均匀各向同性体的纳维方程，即方程（7.13），可得

$$Gu_{i,jj}=G\left(\frac{\partial\phi}{\partial x_i}+\epsilon_{ijk}\frac{\partial\psi_k}{\partial x_j}\right)_{jj}=G\frac{\partial}{\partial x_i}\nabla^2\phi+G\epsilon_{ijk}\frac{\partial}{\partial x_j}\nabla^2\psi_k$$

根据方程（7.14）和方程（7.15），有

$$e_{,i}=(u_{j,j})_{,i}=u_{j,ji}$$

所以

$$(\lambda+G)e_{,i}=(\lambda+G)u_{j,ji}$$

对于方程（7.17），有

$$u_i = \frac{\partial \phi}{\partial x_i} + \epsilon_{ijk} \frac{\partial \psi_k}{\partial x_j}$$

所以

$$u_j = \frac{\partial \phi}{\partial x_j} + \epsilon_{jki} \frac{\partial \psi_i}{\partial x_k}$$

$$u_{j,j} = \frac{\partial^2 \phi}{\partial x_j^2} + \epsilon_{jki} \frac{\partial}{\partial x_k} \frac{\partial \psi_i}{\partial x_j}$$

$$u_{j,ji} = \frac{\partial}{\partial x_i} \nabla^2 \phi \neq \epsilon_{jki} \frac{\partial^2}{\partial x_k \partial x_j} \left(\frac{\partial \psi_i}{\partial x_i} \right)$$

对于方程（7.12），$\psi_{i,i} = 0$，所以

$$\epsilon_{jki} \frac{\partial^2}{\partial x_k \partial x_j} \left(\frac{\partial \psi_i}{\partial x_i} \right) = 0$$

因此，

$$\boldsymbol{u}_{j,ji} = \frac{\partial}{\partial x_i} \nabla^2 \phi$$

且

$$(\lambda + G) u_{j,ji} = (\lambda + G) \frac{\partial}{\partial x_i} \nabla^2 \phi \tag{7.18}$$

$$G \nabla^2 u_i + (\lambda + G) e_{,i} = \rho \frac{\partial^2 u_i}{\partial t^2}$$

也可以写出如下形式：

$$G u_{i,jj} + (\lambda + G) u_{j,ji} = \rho \left(\frac{\partial}{\partial x_i} \ddot{\phi} + \epsilon_{ijk} \frac{\partial}{\partial x_j} \ddot{\psi}_k \right)$$

可写成

$$G \frac{\partial}{\partial x_i} \nabla^2 \phi + G \epsilon_{ijk} \frac{\partial}{\partial x_j} \nabla^2 \Psi_k + (\lambda + G) \frac{\partial}{\partial x_i} \nabla^2 \phi = \rho \frac{\partial}{\partial x_i} \ddot{\phi} + \rho \epsilon_{ijk} \frac{\partial}{\partial x_j} \ddot{\psi}_k$$

因此，我们得到了两个波动方程：

$$(\lambda + 2G) \frac{\partial}{\partial x_i} \nabla^2 \phi - \frac{\partial}{\partial x_i} \ddot{\phi} = 0 \quad \text{和} \quad G \epsilon_{ijk} \frac{\partial}{\partial x_j} \nabla^2 \Psi_k - \epsilon_{ijk} \frac{\partial}{\partial x_j} \ddot{\psi}_k = 0$$

也可以写出如下形式：

$$\frac{\partial}{\partial x_i} [(\lambda + 2G) \nabla^2 \phi - \rho \ddot{\phi}] = 0 \quad \text{和} \quad \epsilon_{ijk} \frac{\partial}{\partial x_j} (G \nabla^2 \psi_k - \rho \dot{\psi}_k) = 0$$

因此

$$\nabla^2 \phi = \frac{\rho}{\lambda + 2G} \ddot{\phi} = \frac{1}{c_{\mathrm{L}}^2} \ddot{\phi} \tag{7.19}$$

和

$$\nabla^2\psi = \frac{\rho}{G}\ddot{\psi} = \frac{1}{c_{\rm L}^2}\ddot{\psi} \tag{7.20}$$

其中

$$c_{\rm L}^2 = \frac{\lambda + 2G}{\rho}, \quad c_{\rm T}^2 = \frac{G}{\rho} \tag{7.21}$$

7.3　拉普拉斯方程

注意：如果考虑静态平衡，则得出

$$\nabla^2\phi = 常数 = A, \qquad \nabla^2\psi = 常数 = B \tag{7.22}$$

如果 A=0 且 B=0，则

$$\nabla^2\phi = 0, \quad \nabla^2\psi = 0 \tag{7.23}$$

在偏微分方程的理论中，方程（7.23）称为拉普拉斯方程。

例如，一维拉普拉斯方程

$$\frac{\partial^2 u(x,y)}{\partial x^2} + \frac{\partial^2 u(x,y)}{\partial y^2} = \nabla^2 = 0$$

二维拉普拉斯方程

$$\frac{\partial^2 u(x,yz)}{\partial x^2} + \frac{\partial^2 u(x,y,z)}{\partial y^2} + \frac{\partial^2 u(x,y,z)}{\partial z^2} = \nabla^2 u = 0$$

拉普拉斯方程是稳态热方程，当 $\dfrac{\partial u}{\partial t} = 0$ 时，它也被称为势方程。如果一个向量场 $\boldsymbol{F}$ 有一个势 ϕ，那么 ϕ 必须满足拉普拉斯方程。方程的解称为调和函数。在平面（三维空间）的一个区域中满足拉普拉斯方程的函数称为该区域上的调和函数。例如，x^2-y^2 和 xy 都是整个平面上的谐波。

示例：证明函数 $u(x,y)={\rm e}^x\sin y$ 是拉普拉斯方程的一个解。

解：

$$u_x = {\rm e}^x\sin y, \quad u_y = {\rm e}^x\cos y$$

$$u_{xx} = {\rm e}^x\sin y, \quad u_{yy} = -{\rm e}^x\sin y$$

所以

$$u_{xx} + u_{yy} = {\rm e}^x\sin y - {\rm e}^x\sin y = 0$$

因此 u 满足拉普拉斯方程。

示例：验证函数 $u(x, t)=\sin(x-at)$ 满足波动方程 $u_{tt} = a^2u_{xx}$。

$$u_x = \cos(x-at), \quad u_{xx} = -\sin(x-at)$$

$$u_t = -a\cos(x-at), \quad u_{tt} = -a^2\sin(x-at) = a^2u_{xx}$$

因此，u 满足波动方程 $u_{tt} = a^2u_{xx}$。

第 8 章　介质及界面附近的波传播

8.1　平面波在无限介质上的传播

我们研究了利用势方法求三维弹性问题的途径，其中与位移公式相关的方法涉及从亥姆霍兹分解得出的标量势和矢量势。还有其他一些方法，例如涉及伽辽金向量和帕普科维奇-纽伯函数的方法。

这些方法为纳维方程提供了一般形式的解。对于位移或应力公式，这些求解方法都提出了一个问题：所有的弹性解都可以用部分势表示来表达吗？这个问题通常被称为“陈述的完整性”。在过去的几十年里，对这一理论问题通常都得出了肯定的答案。并且，在许多情况下，这些方法可有效地用于解决特定的三维弹性问题。

在处理静态和动态问题时，我们通常从纳维方程出发，并尝试在适当的边界条件下求解出一个连续且二阶可微的解 u_i，即 $u=\nabla\phi+\nabla\phi$。为了简化求解过程，引入了若干势函数，以下是其中最重要的几种：与位移相关的势函数包括标量和矢量势（即 $u_i=\phi_i+\epsilon_{ijk}\psi_{kij}$），以及伽辽金向量和帕普科维奇-纽伯函数。

现在考虑一些动态问题来说明位移势在动力学中的应用。

根据方程（7.3），当位移由标量势 ϕ 和矢量势 ψ_1，ψ_2，ψ_3 表示时，通过表达式

$$u_i=\frac{\partial\phi}{\partial x_i}+\epsilon_{ijk}\frac{\partial\psi_k}{\partial x_j}\tag{8.1}$$

如果 ϕ 和 ψ_k 满足波动方程（7.5）和（7.6），则得到一类广泛的解，即

$$\frac{\partial^2\phi}{\partial x^2}+\frac{\partial^2\phi}{\partial y^2}+\frac{\partial^2\phi}{\partial z^2}=\frac{1}{c_{\mathrm{L}}^2}\frac{\partial^2\phi}{\partial t^2}\tag{8.2}$$

$$\frac{\partial^2\psi_k}{\partial x^2}+\frac{\partial^2\psi_k}{\partial y^2}+\frac{\partial^2\psi_k}{\partial z^2}=\frac{1}{c_{\mathrm{T}}^2}\frac{\partial^2\psi_k}{\partial t^2}\tag{8.3}$$

函数 ϕ 和 ψ_1，ψ_2，ψ_3 定义了地震学中纵波和横波，在地震学中被称为首要波（P 波）和次要波（S 波）。

为了对弹性理论进行进一步说明，让我们考虑弹性介质中的一些简单类型的波。将位移分量 u_1，u_2，u_3（或用符号 u，v，w 表示）假定为无穷小，从而使得所有方程能够线性化。在没有体力的情况下，静态场的主导方程是纳维方程（7.1），

$$Gu_{i,jj}+(\lambda+G)u_{j,ji}=\rho\frac{\partial^2u_i}{\partial t^2}\tag{8.4}$$

我们将首先证实下式满足上面的维纳方程：

$$u=A\sin\frac{2\pi}{l}(x\pm ct)\tag{8.5}$$

其中，A，l，c 是常数。这种可能性出现在 c 取特定值 c_L 的情况下，

$$c_L = \sqrt{\frac{\lambda + 2G}{\rho}} = \sqrt{\frac{E(1-\nu)}{(1+\nu)(1-2\nu)\rho}} \tag{8.6}$$

这可以通过将方程（8.5）代入方程（8.4）来验证，当 $x + c_L t$ 保持不变时，方程（8.5）表示的运动形式保持不变。因此，如果取负号，则随着时间 t 的增加，波将以速度 c_L 向右移动。c_L 称为波运动的相速度。在方程（8.5）中，l 是波长，在任何时刻都如此。

由方程（8.5）表示的质点速度与波传播的方向（即 x 轴）相同。这种运动构成了一列纵波。由于在任何时刻波峰都位于平行平面上，因此由方程（8.5）表示的运动称为平面波序列。接下来，考虑运动

$$u = 0, \quad v = A\sin\frac{2\pi}{l}(x \pm ct), \quad w = 0 \tag{8.7}$$

它表示在 x 轴方向上以相速度 c 传播的波长为 l 的平面波序列。当将方程（8.7）代入方程（8.4）时，可以看出 c 必须取值 c_T，即

$$c_T = \sqrt{\frac{G}{\rho}} \tag{8.8}$$

方程（8.7）表示的质点速度在 y 方向上，该速度垂直于波传播方向（x 方向）。因此，这种波被称为横波。c_L 和 c_T 分别为纵波速度和横波速度，它们取决于材料的弹性常数和流体密度。c_T / c_L 比率取决于泊松比：

$$c_T = c_L\sqrt{\frac{1-2\nu}{2(1-\nu)}} \tag{8.9}$$

如果 $\nu = 0.25$, 那么 $c_L = \sqrt{3}c_T$。

与方程（8.7）类似，以下列举质点沿 z 轴方向移动的横波：

$$u = 0, \quad v = 0, \quad w = A\sin\frac{2\pi}{l}(x \pm c_T t) \tag{8.10}$$

方程（8.10）描述在 x-z 平面上发生质点沿平行于 z 轴方向的振动，这个方向称为极化方向。

非常有趣的是，大多数金属和合金具有与表 8.1 所示的大致相同的波速。

表 8.1　金属材料的弹性参数与波速

金属	$E / (10^6 \text{psi}^*)$	$G / (10^6 \text{psi})$	ν	声速（纵波）$s^t / 10^3$ s
钢	30	11.5	0.29	16.3
铝合金	10	2.4	0.31	16.5
镁合金	6.5	2.4	0.35	16.6

* 1psi=6.89476×10³Pa。

8.2　平面波在介质分界面上的反射和折射

如上所述的平面波可能只存在于一个无界的弹性连续体中。在有限尺寸的物体中，当一个平面波遇到边界时，其传播状态会受到影响。如果边界之外有另一种弹性介质，则在

第二种介质中产生折射波。反射和折射的特点与声学和光学相似，主要区别在于，一般来说，入射纵波会在纵波和横波的组合中反射和折射，入射横波也会在两种类型波的组合中受到影响。

在方程（8.2）和方程（8.3）中，函数ϕ和ψ_1，ψ_2，ψ_3定义了纵波和横波，即 P 波和 S 波。如果我们考虑前面讨论的平面波，即方程（8.5）、方程（8.7）和方程（8.10），就会发现 S 波是极化的。如果 S 波在 x-z 平面上沿 x 轴传播，而质点沿 z 方向移动，那么我们称之为 SV 波。如果 S 波在 x-z 平面沿 x 轴传播，但质点在 y 方向（水平方向）移动，那么我们称之为 SH 波。

考虑占据半空间 $z\geqslant 0$ 的均匀各向同性弹性介质，将其分解为平面 P 波和平面 S 波。类似地，入射的 SV 波会受到 P 波和 SV 波的影响。

如果两个弹性介质是固-液界面接触，则入射的 P 波将在第一介质中反射为 P 波和 S 波，同时在第二介质中也透射为 P 波和 S 波。对于入射 SV 波也有类似的说法。SH 波的行为更简单。一列入射的 SH 波在界面处不会产生 P 波，因此，它以 SH 波的形式反射和折射。弹性介质中波反射和折射的定律与光学中的斯涅尔定律相同。

需要注意的是：在大多数情况下，各种波的一个特征是它们并不是直线传播的。例如，我们可以听到在拐角处传播的声波；遇到障碍物的海浪往往会绕过它并在另一侧相遇。然而，在某些情况下，如果在波传播的路径上不设置任何障碍物或孔隙，波可以沿高精度的直线传播。此外，我们必须同意不要过于仔细地观察障碍物或孔隙边缘的情况。我们称这种特殊情况为几何光学。

在图 8.1 中，平面光波落在平静水面上。当光束进入水中时，既被表面反射又被弯曲（即被折射）。

入射光束由一条平行于传播方向的线表示，即入射光线。假设入射波是平面波，波前垂直于入射射线。反射波和折射波也用射线来表示。入射角（θ_1）、反射角（θ_1'）和折射角（θ_2）是在表面法线和相应光线之间测量的，如图 8.1 所示。

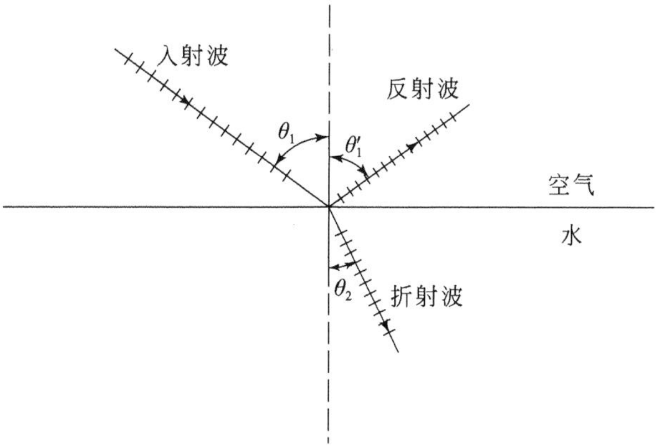

图 8.1　平面波在（平面）空气-水界面上的反射和折射

描述波反射和折射的定律可以很容易地从实验中找到：

（1）反射光线和折射光线位于由入射光线和入射点处的表面法线形成的平面内。

（2）对于反射光线，有

$$\theta_1' = \theta_1 \tag{8.11}$$

（3）对于折射光线，有

$$\frac{\sin\theta_1}{\sin\theta_2} = n_{21} \tag{8.12}$$

其中,n_{21}是常数，称为介质 2 相对于介质 1 的折射率。一个介质相对于另一个介质的折射率通常随波长而变化。正因为如此，折射（不同于反射）可以用来将光分解为其组成波长。反射定律早在欧几里得时期就已被发现，而折射定律则由威尔布罗德·斯涅尔（Willebrord Snell，1850-1626）发现，因此被称为斯涅尔定律。斯涅尔定律被用于研究弹性固体中传播的平面 P 波和 S 波的反射和折射现象。

8.3 界面附近的波传播——面波

8.3.1 瑞利面波的推导

在弹性体上，可以有另一种类型的波，它在表面上传播，并且仅稍微渗透到弹性体的内部。这些波类似于将石头扔入水的平滑表面时产生的波，称为面波。最简单的是在均匀、各向同性、半无限固体的自由表面上发生的瑞利波（Rayleigh wave）。它是一种重要的波类型，因为在远处地震图上记录的最大扰动通常是瑞利波。因此，我们在这里再一次讨论瑞利波。

“面波传播过程中，垂直界面方向传播的面波位移振幅随着距离增加而呈指数级规律减小。现在让我们在一个简单的二维情况中证明瑞利波的存在。考虑一个弹性半空间$y \geqslant 0$，表面$y=0$是无应力的。让我们考虑由以下表达式实部表示的位移：

$$\begin{cases} u = A\mathrm{e}^{-by}\exp[\mathrm{i}\kappa(x-ct)] \\ v = B\mathrm{e}^{-by}\exp[\mathrm{i}\kappa(x-ct)] \\ w = 0 \end{cases} \tag{8.13}$$

其中，i 是虚数单位；A 和 B 是复数常数。

系数 b 应该是正的且必须为正，以使波的振幅随着 y 的增加而呈指数下降，并且随着$y\to\infty$而趋于零。

我们知道，如果方程（8.13）给出的位移满足运动方程，则将通过方程（8.6）和（8.8）定义的c_{L}和c_{T}代入方程（8.4），得出

$$\frac{\partial^2 u_i}{\partial t^2} = c_{\mathrm{T}}^2 u_{i,jj} + (c_{\mathrm{L}}^2 - c_{\mathrm{T}}^2)u_{j,ji} \tag{8.14}$$

将方程（8.13）代入方程（8.14），取消共同的指数因子，并重新排列项，我们得到

$$\begin{cases} [c_{\mathrm{T}}^2 b^2 + (c^2 - c_{\mathrm{L}}^2)\kappa^2]A - \dot{c}(c_{\mathrm{L}}^2 - c_{\mathrm{T}}^2)b\kappa B = 0 \\ -\mathrm{i}(c_{\mathrm{L}}^2 - c_{\mathrm{T}}^2)b\kappa A + [c_{\mathrm{L}}^2 b^2 + (c^2 - c_{\mathrm{L}}^2)\kappa^2]B = 0 \end{cases} \tag{8.15}$$

非平凡零解的条件是系数行列式为零，可表达为

$$[c_{\mathrm{L}}^2 b^2 - (c_{\mathrm{L}}^2 - c^2)\kappa^2][c_{\mathrm{T}}^2 b^2 - (c_{\mathrm{T}}^2 - c^2)\kappa^2] = 0 \tag{8.16}$$

这为 b 提供了以下解释：

$$b' = \kappa\left(1 - \frac{c^2}{c_{\mathrm{L}}^2}\right)^{\frac{1}{2}}, \quad b'' = \kappa\left(1 - \frac{c^2}{c_{\mathrm{T}}^2}\right)^{\frac{1}{2}} \tag{8.17}$$

假设 b 是实的，要求 $c < c_{\mathrm{T}} < c_{\mathrm{L}}$，分别对应于 b' 和 b''，从方程（8.15）中可以求解比率 B/A，

$$\left(\frac{B}{A}\right)' = -\frac{b'}{\mathrm{i}k}, \quad \left(\frac{B}{A}\right)'' = \frac{\mathrm{i}k}{b''} \tag{8.18}$$

因此，满足运动方程的类型（8.13）的一般解可以写成

$$\begin{cases} u = A'\mathrm{e}^{-b'y}\exp[\mathrm{i}\kappa(x - ct)] + A''\mathrm{e}^{-b''y}\exp[\mathrm{i}\kappa(x - ct)] \\ v = \dfrac{-b'}{\mathrm{i}\kappa}A'\mathrm{e}^{-b'y}\exp[\mathrm{i}\kappa(x - ct)] + \dfrac{\mathrm{i}\kappa}{b''}A''\mathrm{e}^{-b''y}\exp[\mathrm{i}\kappa(x - ct)] \\ w = 0 \end{cases} \tag{8.19}$$

现在，我们希望证明，选择常数 A'，A''，κ和 c，使得曲面 y=0 上的边界条件满足

$$\sigma_{yx} = \sigma_{yy} = \sigma_{yz} = 0，\ 在y = 0时， \tag{8.20}$$

根据胡克定律，并结合方程（8.19），条件（8.20）等价于以下形式：

$$\begin{aligned} &\frac{\partial u}{\partial y} + \frac{\partial v}{\partial x} = 0，\ 在y = 0 \\ &\lambda\left(\frac{\partial u}{\partial x} + \frac{\partial v}{\partial y}\right) + 2G\frac{\partial v}{\partial y} = 0, \quad 在y = 0 \end{aligned} \tag{8.21}$$

注意：由式（1.19）和式（3.18），我们有

$$\sigma_y = \sigma_{yy} = \lambda\left(\frac{\partial u}{\partial x} + \frac{\partial v}{\partial y}\right) + 2G\frac{\partial v}{\partial y}$$

将方程（8.19）代入方程（8.21）时，设置 y=0，省略公共因子 $\mathrm{e}^{[\mathrm{i}\kappa(x - c_T)]}$，并写入

$$G = \rho c_{\mathrm{T}}^2, \quad \lambda = \rho(c_{\mathrm{L}}^2 - 2c_{\mathrm{T}}^2) \tag{8.22}$$

我们得到

$$\begin{cases} -2b'A' - \left(b'' + \dfrac{\kappa^2}{b''}\right)A'' = 0 \\ \left[(c_{\mathrm{L}}^2 - 2c_{\mathrm{T}}^2) - c_{\mathrm{L}}^2\dfrac{b'^2}{\kappa^2}\right]A' - 2c_{\mathrm{T}}^2 A'' = 0 \end{cases} \tag{8.23}$$

可以把方程（8.17）更对称地写为

$$\begin{cases} 2b'A' + \left(2 - \dfrac{c^2}{c_{\mathrm{T}}^2}\right)\kappa^2\dfrac{A''}{b''} = 0 \\ \left(2 - \dfrac{c^2}{c_{\mathrm{T}}^2}\right)A' + 2b''\dfrac{A''}{b''} = 0 \end{cases} \tag{8.24}$$

为了得到非零解，A'、A'' 的系数的行列式必须为零，从而得到 c 的特征方程：

$$\left(2-\frac{c^2}{c_{\mathrm{T}}^2}\right)^2=4\left(1-\frac{c^2}{c_{\mathrm{L}}^2}\right)^{1/2}\left(1-\frac{c^2}{c_{\mathrm{T}}^2}\right)^{1/2} \tag{8.25}$$

在有理化后，可以因式分解数量 $\frac{c^2}{c_{\mathrm{T}}^2}$，并且方程（8.25）称为瑞利方程，具有如下形式：

$$\frac{c^2}{c_{\mathrm{T}}^2}\left[\frac{c^6}{c_{\mathrm{T}}^6}-8\frac{c^4}{c_{\mathrm{T}}^4}+c^2\left(\frac{24}{c_{\mathrm{T}}^2}-\frac{16}{c_{\mathrm{L}}^2}\right)-16\left(1-\frac{c_{\mathrm{T}}^2}{c_{\mathrm{L}}^2}\right)\right]=0 \tag{8.26}$$

如果 c=0，则方程（8.19）与时间无关，并且从方程（8.24）中我们得到了 $A''=-A'$ 和 $u=v=0$。因此，这个解不具有实际意义。

方程（8.26）中的第二项在 $c=0$ 时为负，$c_{\mathrm{T}}<c_{\mathrm{L}}$，而在 $c=c_{\mathrm{T}}$ 时为正。

另外，请注意方程（8.25）是瑞利波的相速度方程。由于波数未出现在方程（8.25）中，因此在弹性半空间自由表面的瑞利面波是非色散的（即波的相速度与波数无关）。

在第 5 章中，我们已经讨论了谐波波动，设 λ 为波长，$1/\lambda$ 称为波数，记作 κ，它表示单位距离内完整波长的数量（当然，不一定是整数）。

然而，由于 $\frac{2\pi}{\lambda}$ 组合在波的数学描述中极为频繁，因此，在理论物理学中，使用短语“波数”和符号 $\kappa=2\pi\frac{1}{\lambda}$ 来表示这种组合已成为一种常见的做法。在目前的符号表示方法中，它等于 $2\pi\kappa$。换句话说，我们现在用 $2\pi\kappa$ 来表示波数，用以计算在 2π 范围内的波数，而不再使用 $\kappa=\frac{1}{\lambda}$ 来表示波数。对于不可压缩固体，当 $c_{\mathrm{L}}\to\infty$ 时，方程（8.26）变为

$$\frac{c^6}{c_{\mathrm{T}}^6}-8\frac{c^4}{c_{\mathrm{T}}^4}+24\frac{c^2}{c_{\mathrm{T}}^2}-16=0 \tag{8.27}$$

这个关于 c^2 的三次方程在 $c^2=0.91275c_{\mathrm{T}}^2$ 处有一个实根，对应于速度为 $c\cong0.95538c_{\mathrm{T}}$ 的面波。

这种情况下的另外两个根是复数，并不代表面波。

如果泊松比为 $\frac{1}{4}$，使得 λ=G 和 $c_{\mathrm{L}}=\sqrt{3}c_{\mathrm{T}}$，方程（8.26）变为

$$\frac{c^6}{c_{\mathrm{T}}^6}-8\frac{c^4}{c_{\mathrm{T}}^4}+\frac{56}{3}\frac{c^2}{c_{\mathrm{T}}^2}-\frac{32}{3}=0 \tag{8.28}$$

因此，可以计算瑞利波的相速度 c_{R}。这个方程有三个实根，即

$$\frac{c^2}{c_{\mathrm{T}}^2}=4,\quad 2+2/\sqrt{3},\quad 2-2/\sqrt{3}$$

仅最后一个根就可以满足条件，即 b' 和 b'' 是面波的实数。另外两个根对应于复数 b' 和 b''，并不表示面波。事实上，这些多余的根不满足方程（8.25），它们是由平方的合理化过程产生的。最后一个根对应于速度，

$$c_{\mathrm{R}}=0.9194c_{\mathrm{T}},\quad \nu=0.25 \tag{8.29}$$

这反过来又对应于位移

$$
\begin{aligned}
u &= A'\left(e^{-0.8475\kappa y} - 0.5773e^{-0.3933\kappa y}\right)\cos[\kappa(x - c_R t)] \\
v &= A'\left(-0.8475e^{-0.8475\kappa y} + 1.4679e^{-0.3933\kappa y}\right)\sin[\kappa(x - c_R t)]
\end{aligned}
\tag{8.30}
$$

其中，A' 为实数，取决于 κ 。

从方程（8.30）可以看出，瑞利波的质点运动是椭圆逆行的，与水面波的椭圆直接轨道形成对比（图 8.2）。垂直位移大约是表面处水平位移的 1.5 倍，水平运动在深度为波长的 0.192 倍处消失，并且在该深度以下改变方向。

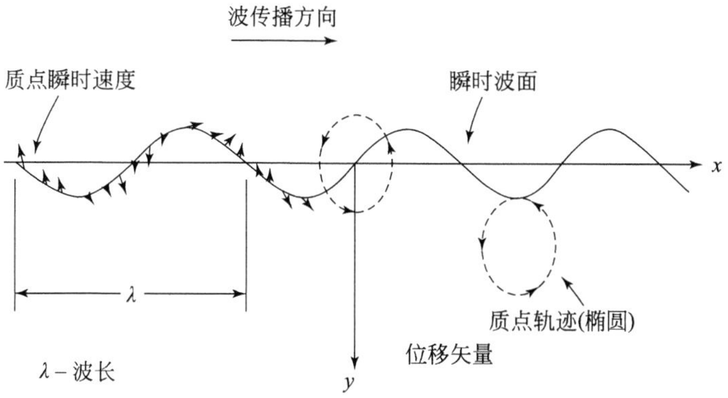

图 8.2　瑞利波示意图

对于不同泊松比的值，可以看到位移随深度的变化，应力也是随着深度变化。它还展示了波动在靠近表面的薄层中的局部化，其厚度大约是面波波长的两倍。由于位移分量 u 和 v 相位相差 90°，因此质点的轨迹为椭圆。对于图 8.2 所示的坐标轴，质点在自由表面上的运动是逆时针的。

在深度 $y \cong 0.2\lambda$ 处，由于 u 改变了符号，旋转方向反转。椭圆的半长轴垂直于自由表面，半短轴平行于自由表面。在自由表面处，法向位移大约是切向位移的 1.5 倍。

人们对瑞利波进行了详细的研究，并发现了一些应用价值。引人注目的特征是在表面附近没有分散和运动的局部化。在适当的生成条件下，在边界表面上会产生面波和体波。对于二维几何，面波基本上是一维的，但体波是圆柱形的，并经历几何衰减。因此，在距离震源一定距离处，面波所引起的扰动占主导地位。Knowles（1966）研究了更一般性质的表面运动。

面波的标志是波振幅随着离界面的垂直距离呈指数衰减。对于瑞利波，材料质点在传播平面内移动。因此，仅在 x 方向传播的半空间 $y \geqslant 0$ 的表面上，经典瑞利波的位移 w 的 z 分量为零，即可证明在均匀半空间中不可能存在具有垂直于传播方向的位移的面波（即所谓的 SH 波）。

8.3.2　勒夫波的推导

然而，现在可能会提出一个问题，即在均匀各向同性线性弹性半空间中，是否存在具有垂直于传播平面（即 x-y 平面）的位移的波？也就是说，我们能观测到 SH 面波吗？

答案是：SH 面波在地球表面上与其他面波一样显著。

勒夫经研究表明，一个足以包括 SH 面波的理论可以通过在另一种介质的均匀半空间上覆盖一层中等厚度的介质 M_1 来构建，其上覆着另一种介质 M 的均匀半空间。

使用图 8.3 中的轴，我们取 $u=v=0$，

$$w=A\exp\left(-\kappa\sqrt{1-\frac{c^2}{c_{\mathrm{T}}^2}}y\right)\exp[\mathrm{i}\kappa(x-ct)] \tag{8.31}$$

在 M 中，

$$w=\left\{A_1\exp\left[-\kappa\sqrt{1-\left(\frac{c}{c_{\mathrm{T}}^{(1)}}\right)^2}y\right]+A_1'\exp\left[\kappa\sqrt{1-\left(\frac{c}{c_{\mathrm{T}}^{(1)}}\right)^2}y\right]\right.\exp[\mathrm{i}\kappa(x-ct)] \tag{8.32}$$

在 M_1 中，很容易验证这些方程满足纳维方程。如果 $c<c_{\mathrm{T}}$，那么当 $y\to\infty$ 时有 $w\to 0$，根据需要，边界条件是 w 和 σ_{zy} 必须在曲面 y=0 上连续，并且在 $y=-H_1$ 处，σ_{zy}=0。

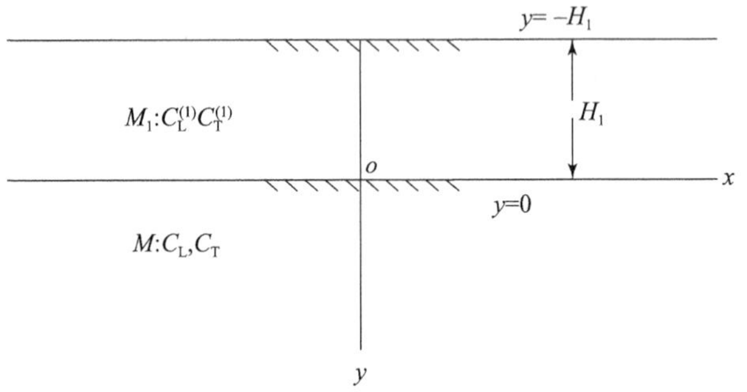

图 8.3　分层半空间

将这些条件应用于方程（8.31）和方程（8.32）中，我们得到

$$A=A_1+A_1' \tag{8.33}$$

$$GA\left[1-\left(\frac{c}{c_1}\right)^2\right]^{1/2}=G_1\left(A_1-A_1'\right)\left[1-\left(\frac{c}{c_{\mathrm{T}}^{(1)}}\right)^2\right]^{1/2} \tag{8.34}$$

$$A_1\exp\left\{\kappa H_1\left[1-\left(\frac{c}{c_{\mathrm{T}}^{(1)}}\right)^2\right]^{1/2}\right\}=A_1'\exp\left\{-\kappa H_1\left[1-\left(\frac{c}{c_{\mathrm{T}}^{(1)}}\right)^2\right]^{1/2}\right\} \tag{8.35}$$

从方程（8.33）和方程（8.34）中消除 A，然后使用方程（8.35）来消除 A_1 和 A_1'，我们得到

$$\frac{G\left[1-\left(\frac{c}{c_{\mathrm{T}}}\right)^2\right]^{1/2}}{G_1\left[1-\left(\frac{c}{c_{\mathrm{T}}^{(1)}}\right)^2\right]^{1/2}}=\frac{A_1-A_1'}{A_1+A_1'}=\mathrm{i}\tan\left\{\mathrm{i}\kappa H_1\left[1-\left(\frac{c}{c_{\mathrm{T}}^{(i)}}\right)^2\right]^{1/2}\right\} \tag{8.36}$$

因此有

$$G\left[1-\left(\frac{c}{c_{\mathrm{T}}}\right)^2\right]^{1/2}-G_1\left[\left(\frac{c}{c_{\mathrm{T}}^{(1)}}\right)^2-1\right]^{1/2}\tan\left\{\kappa H_1\left[\left(\frac{c}{c_{\mathrm{T}}^{(1)}}\right)^2-1\right]^{1/2}\right\}=0 \tag{8.37}$$

作为在当前条件下 SH 面波速度的方程。

如果$c_{\mathrm{T}}^{(1)}<c_{\mathrm{T}}$，则方程（8.37）产生一个实数 c，该实数位于范围$c_{\mathrm{T}}^{(1)}<c<c_{\mathrm{T}}$内，并取决于$\kappa$ 和H_1（以及取决于G，G_1，G_{T}和$c_{\mathrm{T}}^{(1)}$）。因为在这个范围内，方程（8.37）中等号左边项的值是实数且符号相反。

因此，如果上层的剪切速度$c_{\mathrm{T}}^{(1)}$小于介质中的剪切速度M，SH 面波可以在规定的边界条件下发生。这些波浪被称为勒夫（Love）波。

可以通过叠加方程（8.32）中所描述类型的谐波，并使用不同的k，导出一般形状的勒夫波。

由于波速c对波数κ 的依赖性，引入了色散现象。

注：为什么我们说“在沿着半空间 $y>0$ 表面 $y=0$ 上的瑞利波中，沿 x 方向传播时，位移的 z 分量w为零（图 8.2）。并且可以证明，在均匀半空间中，具有垂直于传播方向的位移的面波（即所谓的 SH 波）是不可能存在的？

答：根据方程（8.3），可知 SH 波由以下方程控制：

$$\frac{\partial^2 w}{\partial x^2}+\frac{\partial^2 w}{\partial y^2}=\frac{1}{c_{\mathrm{T}}^2}\frac{\partial^2 w}{\partial t^2} \tag{8.38}$$

从方程（8.13）我们知道，表示面波的方程（8.38）的解的形式为

$$w=A\mathrm{e}^{-by}\exp[\mathrm{i}\kappa(x-ct)] \tag{8.39}$$

其中 b 的实部必须是正的。

将方程（8.39）代入方程（8.38）中，可得

$$b=\kappa\left[1-\left(\frac{c}{c_{\mathrm{T}}}\right)^2\right]^{1/2} \tag{8.40}$$

对于自由曲面，$y=0$ 处的边界条件为

$$\frac{\partial w}{\partial y}=0 \tag{8.41}$$

边界条件（8.41）只有在 A=0 或$b=0$ 的情况下才能满足。然而，这两种情况都不代表面波。

由于均匀半空间的数学基础是可靠的，因此，勒夫提出，如果半空间被一层不同的材料覆盖，就有可能产生 SH 波，如图 8.3 所示。这解释了在地球表面上显著观察到的 SH 波，就像其他面波一样。

第 9 章　波的速度频散

9.1　简谐振子的运动方程

让我们简单回顾一下简谐运动，如图 9.1 所示，考虑一个质量为 m 的物体连接到一个力常数为 k 的理想弹簧上，并在无摩擦的水平表面上自由移动。

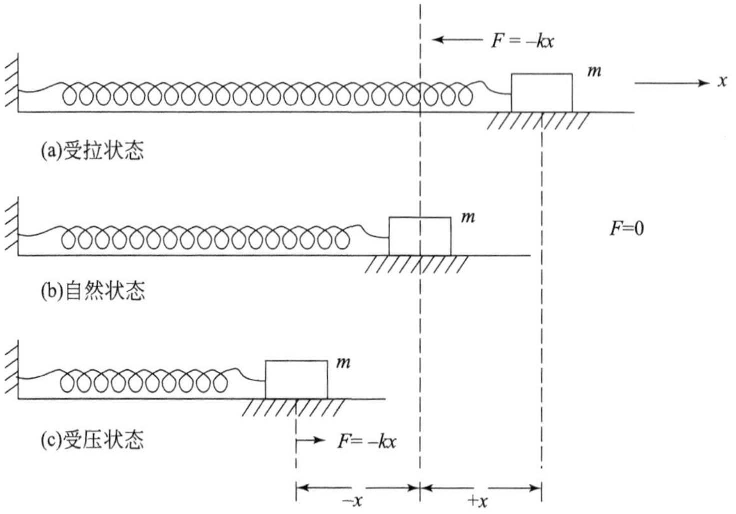

图 9.1　一个简单的谐波振荡器

如果物体向右移动（图 9.1（a）），弹簧对物体施加的力指向左，给出 $F=-kx$ 。如果物体向左移动（图 9.1（c）），力指向右侧，同样给出 $F=-kx$ 。在每种情况下，都是一种恢复力。振动的质量运动是简谐运动（SHM）。

根据牛顿定律，有

$$F=ma\text{，且 }F=-kx\text{，}\quad a=\frac{\mathrm{d}v}{\mathrm{d}t}=\frac{\mathrm{d}}{\mathrm{d}t}\left(\frac{\mathrm{d}x}{\mathrm{d}t}\right)$$

所以

$$-kx=m\frac{\mathrm{d}}{\mathrm{d}t}\left(\frac{\mathrm{d}x}{\mathrm{d}t}\right)$$

或

$$\frac{\mathrm{d}^2x}{\mathrm{d}t^2}+\frac{k}{m}x=0 \tag{9.1}$$

方程（9.1）被称为简谐运动方程。简谐振子问题之所以重要，有两个原因。

首先，大多数涉及机械振动的问题，在小振幅的振动条件下可以简化为简谐振动，或者简化为简谐振动的组合。其次，正如我们所指出的，像方程（9.1）这样的方程会出现在声学、光学、力学、电路甚至原子物理学的许多物理问题中。简谐振荡器展现出许多物理系统所共有的特性。

注意，如果释放了变形的固体，它将振动，就像简谐振子一样。因此，只要振动的振幅足够小，也就是说，只要变形保持在比例区域，机械振动的行为就与简谐振动完全一样。

求解方程（9.1），即简谐振子的运动方程，可以将其重写为

$$\frac{\mathrm{d}^2x}{\mathrm{d}t^2}=-\frac{k}{m}x \tag{9.2}$$

方程（9.2）则要求 $x(t)$ 是某个函数，其二阶导数是函数本身的负数，除了常数因子 $\frac{k}{m}$。

然而，我们从微积分中知道，正弦函数或余弦函数具有这种性质，例如，

$$\frac{\mathrm{d}}{\mathrm{d}t}\cos t=-\sin t,\quad \frac{\mathrm{d}^2}{\mathrm{d}t^2}\cos t=-\frac{\mathrm{d}}{\mathrm{d}t}\sin t=-\cos t$$

如果我们将余弦函数乘以一个常数，则此属性不会受到影响。考虑到正弦函数同样适用，并且方程（9.2）包含常数因子，通过将其作为方程（9.2）的临时解，写成

$$x=A\cos(\omega t+\delta) \tag{9.3}$$

然后

$$\cos(\omega t+\delta)=\cos\delta\cos\omega t-\sin\delta\sin\omega t=a\cos\omega t+b\sin\omega t$$

该常数 δ 符合正弦和余弦解的任何组合。

因此，对于未知的常数 A，ω 和 δ，我们尽可能地写出了方程（9.2）的一般解。

为了确定这些常数，使得方程（9.3）实际上是方程（9.2）的解，我们对方程（9.3）关于时间求一阶导数和二阶导数，得到

$$\frac{\mathrm{d}x}{\mathrm{d}t}=-\omega A\sin(\omega t+\delta)$$

$$\frac{\mathrm{d}^2x}{\mathrm{d}t^2}=-\omega^2A\cos(\omega t+\delta)$$

将其代入方程（9.2），我们得到

$$-\omega^2A\cos(\omega t+\delta)=-\frac{k}{m}A\cos(\omega t+\delta) \tag{9.4}$$

因此，如果我们选择常数 ω，即

$$\omega^2=\frac{k}{m} \tag{9.5}$$

则

$$x=A\cos(\omega t+\delta) \tag{9.6}$$

实际上是简谐振子的运动方程，即方程（9.3）的解。常数 A 和 δ 仍然是不确定的，因此仍然是完全任意的。这意味着任何 A 和 δ 都将满足方程（9.2），因此振动可能呈现多种运动方式。

9.2　简谐振子的运动方程物理含义

实际上，这是运动微分方程的特征，因为这种方程不仅描述单一的运动，还描述了一组或一类可能的运动，它们在某些方面具有共同特征，但在其他方面有所不同。在这种情况下，ω对于所有允许的运动都是共同的，但A和δ在不同运动之间有所不同。实际上，对于特定的谐波运动，A和δ是由运动的初始条件确定的。让我们找出常数ω的物理意义。

如果方程（9.3）中的时间增加$\frac{2\pi}{\omega}$，则函数变为

$$
\begin{aligned}
x &= A\cos\left[\omega\left(t+\frac{2\pi}{\omega}\right)+\delta\right] \\
&= A\cos(\omega t+2\pi+\delta) \\
&= A\cos(\omega t+\delta)
\end{aligned}
$$

也就是说，函数在一段时间$\frac{2\pi}{\omega}$后会重复它本身一次。因此，$\frac{2\pi}{\omega}$是运动的周期。由于$\omega^2=\frac{k}{m}$，我们有

$$
T=\frac{2\pi}{\omega}=2\pi\sqrt{\frac{m}{k}} \tag{9.7}
$$

因此，由方程（9.2）给出的所有运动都具有相同的振荡周期，这仅由振动质点的质量m和力常数k决定。振荡器的频率ν是每单位时间完整振动的次数，称为模式频率，并由以下公式给出：

$$
\nu=\frac{1}{T}=\frac{\omega}{2\pi}=\frac{1}{2\pi}\sqrt{\frac{k}{m}} \tag{9.8}
$$

因此，

$$
\omega=2\pi\nu=\frac{2\pi}{T} \tag{9.9}
$$

ω称为角频率，它与频率相差一个因子2π。它的大小是时间的倒数（与角速度相同），单位是 rad/s。A为振荡的振幅。余弦函数的取值范围为-1 到 1。因此，从中心平衡位置x=0 的位移具有最大值A。因此，$A(=x_{\max})$是运动的幅度。由于微分方程不固定，可能有不同振幅的运动，但具有相同的频率和周期。简谐运动的频率与运动的振幅无关，$\omega t+\delta$称为运动的相位，δ称为相位常数。

振荡的振幅A和相位常数δ由质点的初始位置和速度决定。因此，由这两个初始条件可以确定A和δ。两个运动可以具有相同的振幅和频率，但相位不同。例如，如果$\delta=\frac{-\pi}{2}$，则有

$$
\begin{aligned}
x &= A\cos(\omega t+\delta) \\
&= A\cos\left(\omega t-\frac{\pi}{2}\right) \\
&= A\sin\omega t
\end{aligned}
$$

因此，在 $t=0$ 时位移为零。当 $\delta=0$ 时，位移 $x=A\cos(\omega t+\delta)=A\cos\omega t$ 为这一时刻的最大值，其他初始条件决定了其他相位常数。考虑一条在 x 方向拉伸的长弦，横波（即行波）沿其传播。在某个时刻，比如 $t=0$，波的形状可以用以下方式表示：

$$y=f(x),\quad t=0 \tag{9.10}$$

式中，y 为该位置处的弦的横向位移 x。

图 9.2（a）中显示了字符串上可能的波形（脉冲）。在一段时间后，波向右传播了一段距离，假定波速大小恒定。因此，在时刻 t 的曲线方程为

$$y=f(x-vt) \tag{9.11}$$

这使我们在时间点 $x=vt$ 时获得了与在时间点 $t=0$ 时相同的波形，如图 9.2（b）所示。

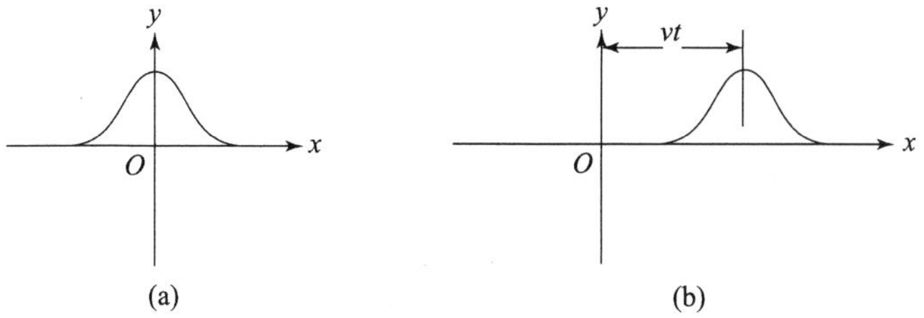

图 9.2　（a）t=0 时波的形状（在本例中为脉冲）；（b）稍后，脉冲向右移动了距离 $x=vt$

方程（9.11）是向右行进的任何形状波的一般方程。为了描述一个特定的形状，我们必须准确指定函数。当然,变量 x 和 t 只能出现在组合 $x=vt$ 中。例如，$\sin[\kappa(x-vt)]$ 和 $(x-vt)^3$ 是合适的函数；$x^2-v^2t^2$ 不是合适的函数。

让我们对这个方程进行更仔细的讨论。如果我们随着时间的推移追踪波的特定部分（或相位），那么在方程中，我们关注的是特定值（比如刚刚描述的脉冲的顶部）。在数学上这意味着在 $x-vt$ 处，当有某个特定固定值 x 时，如何随着 t 变化。我们立刻看到，为了保持 $(x-vt)$ 固定，必须让 x 随着 t 的推移而增加。因此，方程（9.11）确实表示了一个向右传播的波（随着时间的推移而增加）。如果我们希望表示一个向左传播的波，可将其写成

$$y=f(x+vt) \tag{9.12}$$

在位置 x 处，波的某个固定相位的位置随着时间的推移而减小。波的特定相位的速度很容易获得。对于在 x 方向上传播的波的特定相位，需要满足以下条件：

$$x-vt=\text{常数}$$

然后对时间进行微分得到

$$\frac{\mathrm{d}x}{\mathrm{d}t}-v=0\quad\text{或}\quad\frac{\mathrm{d}x}{\mathrm{d}t}=v \tag{9.13}$$

所以 v 就是波的相速度。

可以进一步解释波的一般方程。请注意，对于任何固定的时间值 t，该方程都给出 y 作为 x 的函数。这定义了一条曲线，这条曲线表示在这个选定的时间点弦的实际形状。另外，假设我们希望将注意力集中在弦的一个点上，即一个固定的 x 值，那么方程给出了 y 作为时间 t 的函数。这描述了字符串上这一点的横向位置随时间的变化。这种处理方法既适用

于纵波也适用于横波。

现在考虑一个特定的波形，它的重要性很快就会体现出来。假设当 $t=0$ 时我们有一个沿着弦的波列，其表达式为

$$y = y_{\max} \sin\frac{2\pi}{\lambda} x \tag{9.14}$$

表示波形为正弦曲线，如图 9.3 所示。当 $t=0$ 时，波的形状为 $y \equiv y_{\max} \sin\frac{2\pi x}{\lambda}$（实线）。在 t 时刻，正弦波已经移动到距离 $x=vt$ 处，并且弦的形状表达式变为 $y \equiv y_{\max} \sin\frac{2\pi(x-vt)}{\lambda}$。

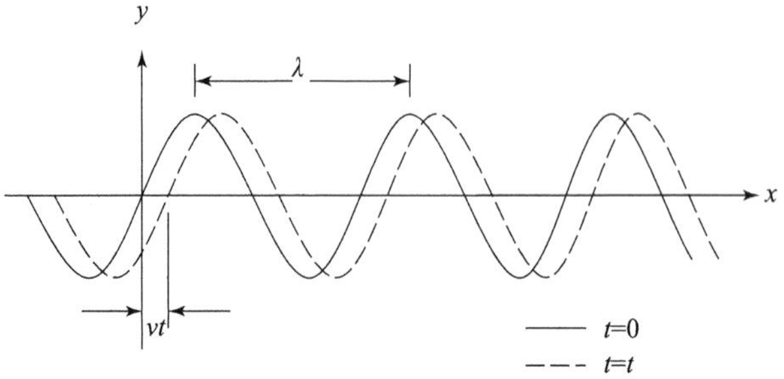

图 9.3　正弦波传播示意图

最大位移 $y_{\max}$ 是正弦曲线的振幅。横向位移 y 的值在 x 处与在 $x+\lambda, x+2\lambda$ 等处是相同的。λ 被称为波的波长，表示波中具有相同位置的两个相邻点之间的距离。

随着时间的推移，让波以相速度 v 向右传播。因此，在时间 t 的波动方程为

$$y = y_{\max} \sin\left[\frac{2\pi}{\lambda}(x - vt)\right] \tag{9.15}$$

请注意，这具有行波所需的形式，即方程（9.11）。周期 T 是波传播一个波长 λ 的距离所需的时间，因此

$$\lambda = vT \tag{9.16}$$

把这个关系式代入波动方程中，我们得到

$$y = y_{\max} \sin\left[2\pi\left(\frac{x}{\lambda} - \frac{t}{T}\right)\right] \tag{9.17}$$

从这个形式可以清楚地看出，在任何给定时间，y 在 $x+\lambda, x+2\lambda$ 等处的值与在 x 处的值相同，并且在任何给定位置，y 在时间 $t+T$、$t+2T$ 等处具有与在时间 t 处相同的值。

为了将方程（9.17）简化为更紧凑的形式，我们定义了两个量，即波数 κ 和角频率 ω，见 5.1 节。它们分别由以下公式给出：

$$\kappa = \frac{2\pi}{\lambda} \quad 且 \quad \omega = \frac{2\pi}{T} \tag{9.18}$$

用上述物理量表示向右传播的正弦波方程是

$$y = y_{\max} \sin(\kappa x - \omega t) \tag{9.19}$$

对于向左传播的正弦波，我们有

$$y = y_{\max} \sin(\kappa x + \omega t) \tag{9.20}$$

比较方程（9.16）和方程（9.18），可以看出，波的相速度为

$$v = \frac{\lambda}{T} = \frac{\omega}{\kappa} \tag{9.21}$$

在方程（9.19）和方程（9.20）的行波中，假设在时间 t=0 的位置 x=0 处的位移 y 为零。当然，情况并非如此。在 tx 方向上传播的正弦波的一般表达式为

$$y = y_{\max} \sin(\kappa x - \omega t - \Phi) \tag{9.22}$$

这里，Φ 为相位常数。例如，当 Φ =−90°时，x=0 和 t=0 处的位移 y 为 $y_{\max}$。

这个特殊的例子是

$$y = y_{\max} \cos(\kappa x - \omega t) \tag{9.23}$$

余弦函数与正弦函数相位相差 90°。

如果我们把注意力集中在字符串的一个给定点上，比如 $x = \frac{\pi}{k}$，那么该点的位移 y 可以写成

$$y = y_{\max} \cos(\omega t + \Phi) \tag{9.24}$$

若考虑直线上的简谐运动和均匀圆周运动之间的关系。这种关系在描述简谐运动的许多特征时是有用的。它还给角频率 ω 和相位常数 δ 赋予了简单的几何意义。均匀圆周运动也是简谐运动组合的一个例子，这是我们在波动中经常遇到的现象。在图 9.4 中，Q 是以恒定角速度绕半径为 a 运动的点，其角速度为 ω，单位为 rad/s。P 是 Q 在水平直径上沿 x 轴的垂直投影。假设 Q 为参考点，它在其上移动的圆为参考圆。当参考点旋转时，投影点 P 沿着水平直径来回移动。Q 的位移的 x 分量总是与 P 的位移相同，Q 的速度的 x 分量总是与 P 的速度相同，并且 Q 的加速度的 x 分量总是与 P 的加速度相同。设 t=0 时半径 OQ 和 x 轴之间的角度为 δ。在任何时间 t，OQ 和 x 轴之间的角度为 $\omega t + \delta$，点 Q 以恒定的角速度移动。因此，Q 在任何时候的 x 坐标都是

$$x = A\cos(\omega t + \delta) \tag{9.25}$$

因此，投影点 P 以简单的谐波沿着 x 轴移动。因此，简谐运动可以被描述为沿着均匀圆周运动的直径的投影。

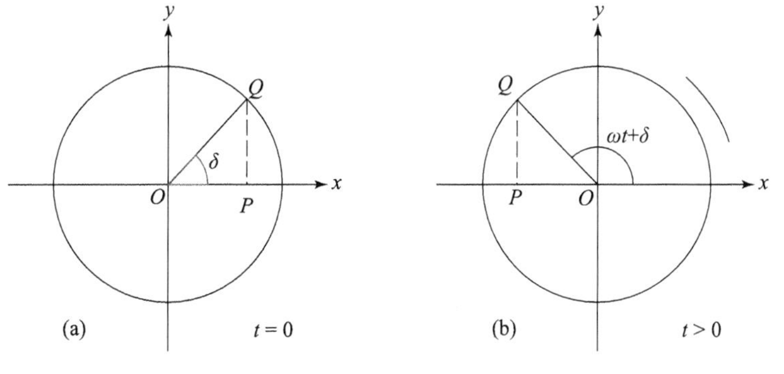

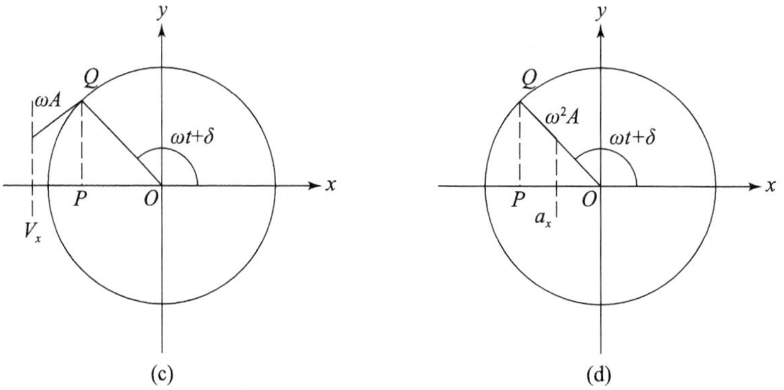

图 9.4　简谐运动与均匀圆周运动的关系

图 9.4 描述了简谐运动与匀速圆周运动的关系。点 Q 做匀速圆周运动，点 P 做简谐运动。Q 的角速度为 w，P 的角频率为ω。(a) 和 (b) 表示 Q 位移的 x 分量始终等于 P 的位移。(c) 表示 Q 速度的 x 分量始终等于 P 的速度。(d) Q 加速度的 x 分量始终等于 P 的加速度。

简谐运动的角频率 ω 与参考点的角速度相同。简谐运动的频率与参考点每单位时间的转数相同。因此，$v=\dfrac{\omega}{2\pi}$ 或 $\omega=2\pi v$。

因此，参考点完整旋转的时间与简谐运动的周期 T 相同，则有

$$T=\frac{2\pi}{\omega} \quad 或 \quad \omega=\frac{2\pi}{T}$$

简谐运动的相位 $\omega t+\delta$ 是 OQ 在任何时间 t 与 x 轴的夹角，见图 9.4 (b)。OQ 在 t=0 时与 x 轴的夹角为 δ，见图 9.4 (a)，这是运动的相位常数或初始相位。

简谐运动的振幅与参考圆的半径相同。

参考点 Q 的切向速度的大小为 ωA。因此，在图 9.4 (c) 中，该速度的 x 分量为

$$v_x=-\omega A\sin(\omega t+\delta) \tag{9.26}$$

当 Q 和 P 都向左移动时，这种关系给出了负的 v_x；当 Q 和 P 向右移动时，给出了正的 v_x。请注意，在简谐运动的端点处，当 $\omega t+\delta$ 为零和 π 时，v_x 为零。

点 Q 在均匀圆周运动中的加速度沿径向向内，大小为 $\omega^2 A$。投影点 P 的加速度是参考点 Q 加速度的 x 分量，如图 9.4 (d) 所示。因此，

$$a_x=-\omega^2 A\cos(\omega t+\delta) \tag{9.27}$$

上式给出了计算简谐运动的点的加速度公式。请注意，在简谐运动的中点处质点加速度为零，其中 $\omega t+\delta=\dfrac{\pi}{2}$或$\dfrac{3\pi}{2}$。

如果我们把参考点垂直投影到 y 轴上，那么就会得到 y 投影点的运动方程，即

$$y=A\sin(\omega t+\delta) \tag{9.28}$$

这是一个简谐波运动方程。它只在相位上与方程(9.25)不同，如果我们将 δ 替换为$\left(\delta-\dfrac{\pi}{2}\right)$，

那么 $\cos(\omega t+\delta)$ 就变成了 $\sin(\omega t+\delta)$ 。很明显，匀速圆周运动沿任何直径的投影都会产生简谐运动。反过来，广义匀速圆周运动可以描述为两个简谐运动的组合。它是沿垂直线发生的两个简谐运动的组合，具有相同的振幅和频率，但相位相差 90°。现在，将方程（9.24）与方程（9.28）进行比较，可以看出方程（9.24）类似于方程（9.28）。因此，当这个波沿着弦行进时，任何关于其平衡位置的运动都会发生。

在研究了沿 x 轴传播的任何形状波的一般方程，即方程（9.34）之后，我们可以考虑用方程（8.5）来描述弹性介质中的一些简单类型的波。我们已经看到，对于某些方程，存在以下形式的解：

$$u=a\sin(\mu x-\nu t) \tag{9.29}$$

如果 x 增加 $\frac{2\pi}{\mu}$（即 $x=x+\frac{2\pi}{\mu}$），或 t 增加 $\frac{2\pi}{\nu}$（即 $t=t+\frac{2\pi}{\nu}$），则正弦值不变，因此 $\lambda=\frac{2\pi}{\nu}$ 是波长，$t=\frac{2\pi}{\nu}$ 是周期。如果 $\mu x-\nu t=$常数，即 x=cos$t$=$\frac{\nu t}{\mu}$，正弦函数的自变量在时间上保持恒定，这意味着整个波形向右移动，速度为 c=$\frac{\nu}{\mu}$ 。c 称为平面速度。根据该速度，方程（9.29）可以写为

$$u=a\sin\left[\frac{2\pi}{\lambda}(x-ct)\right] \tag{9.30}$$

注意，方程（9.30）与方程（9.15）相同。

9.3　色散：相速度与群速度

如果相速度 c 取决于波长 λ ，则称波表现出色散或者速度频散。

$$c=\frac{\nu}{\mu}=\nu\frac{\lambda}{2\pi}=\frac{\nu\lambda}{2\pi} \tag{9.31}$$

在一维问题中，色散意味着两个长度有限的不同波长的波列，如果最初重叠，就会随着时间的推移而进一步分开。此外，每一个单独的波列，本身就是速度略有不同的纯正弦波的混合物，会随着时间的推移而失真并更加分散。

色散现象存在于许多不同类型的介质中，具有不同的潜在物理机制。“色散”一词表示最初在一个地方的事物会随着时间的推移而分开。例如，当白光穿过棱镜并扩散成不同的颜色时，我们就看到了这种现象。在玻璃中，红光波的速度大于蓝光波的速度，光线进入棱镜时的折射遵循斯涅尔定律，

$$\frac{\sin i}{\sin r}=n=\frac{c}{v}$$

确切地说，不同颜色的速度变化导致折射角的变化，引起了色散现象。研究表明，色散在杆和梁的纵波和横波传播中都存在。

当两个振幅相同但波长和频率略有不同的正弦波相遇时，会发生什么？我们尝试使用以下两组方程进行描述：

$$
\begin{aligned}
y_1 &= A\sin[2\pi(\chi_1 x - v_1 t)] \\
y_2 &= A\sin[2\pi(\chi_2 x - v_2 t)]
\end{aligned}
\tag{9.32}
$$

我们将使用方程（9.32）来具体讨论色散的后果：如果我们有两个正弦波在同一方向上传播（传播速度可能不同），设κ=波数，λ=波长=$1/\kappa$，则有

$$\nu = \text{固有频率} = \frac{v}{\lambda}\left(=\frac{c}{\lambda}=c\kappa\right)$$

$$\omega = 2\pi\nu = \text{角频率}$$

T=周期=波传播一个波长的距离所需的时间

$c=v$=(波的)相位速度=(波)通道速度

由于基准点的完整旋转的时间与简谐运动（SHM）的周期 T 相同，因此

$$T=\frac{2\pi}{\omega}\quad \text{或}\quad \omega=\frac{2\pi}{T}$$

然而，为了便于处理方程（9.32），我们使用波数κ代替$1/\lambda$，用频率ν代替比率$\dfrac{v}{\lambda}$。

现在，我们假设这两个波具有不同的特征速度：

$$v_1=\frac{\nu_1}{\kappa_1}=\nu_1\lambda_1,\qquad v_2=\frac{\nu_2}{\kappa_2}=\nu_2\lambda_2$$

三个波的叠加给我们一个组合扰动，如下所示：

$$y = A\{\sin[2\pi(\kappa_1 x - \nu_1 t)] + \sin[2\pi(\kappa_2 x - \nu_2 t)]\} \tag{9.33}$$

由于

$$\sin A + \sin B = 2\sin\left[\frac{1}{2}(A+B)\right]\cos\left[\frac{1}{2}(A-B)\right]$$

因此方程（9.33）变为

$$y = 2A\cos\{\pi[(\kappa_1-\kappa_2)x-(\nu_1-\nu_2)t]\}\times\sin\left[2\pi\left(\frac{\kappa_1+\kappa_2}{2}x-\frac{\nu_1+\nu_2}{2}t\right)\right] \tag{9.34}$$

在 t=0 时，这看起来就像图 9.5 所示的叠加波。

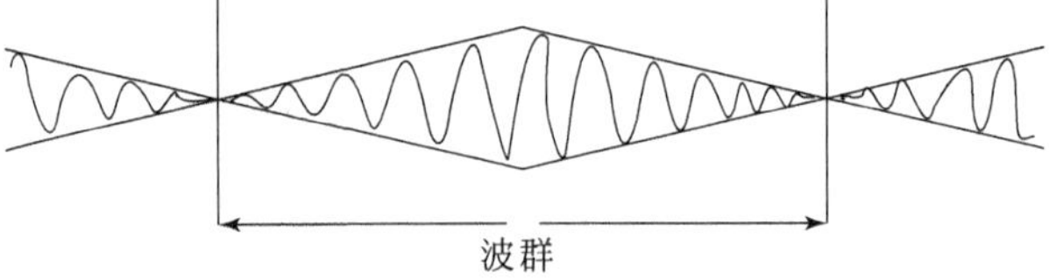

图 9.5　两个略有不同波长的行波叠加

实际上，这是一种有趣的现象，尽管振幅的调制是位置的函数，而不是时间的函数。

现在，让我们考虑随着时间的推移会发生什么。y 的表达式可以解释为一种快速交替的短波长波，被一个长波长的包络调制。这两种波动都在移动，但它们可能有不同的速度。振幅最大的地方必然以包络线的速度移动。

如果两个组合波具有几乎相同的波长，可以简化为组合扰动的描述：

$$\kappa_1 - \kappa_2 = \Delta\kappa, \quad \nu_1 - \nu_2 = \Delta\nu_4$$
$$\frac{\kappa_1 + \kappa_2}{2} = \kappa, \quad \frac{\nu_1 + \nu_2}{2} = \nu_\omega$$

得到

$$y = 2A\cos[\pi(x\Delta\kappa - t\Delta\nu)]\sin[2\pi(\kappa x - \nu t)] \tag{9.35}$$

在这个表达式中，可以识别出两个特征速度，其中一个是属于平均波数 k 的波峰移动速度，被称为相速度 v_p：

$$v_\mathrm{p} = \frac{\nu}{\kappa} = \nu\lambda \tag{9.36}$$

另一个是调制包络移动的速度。因为这个包络包含了一组短波，所以所讨论的速度被称为群速度 v_g 。

$$v_\mathrm{g} = \frac{\Delta\nu}{\Delta\kappa} \to \frac{\mathrm{d}\nu}{\mathrm{d}\kappa} \tag{9.37}$$

相速度是到目前为止与波相关的唯一速度，它代表与基本短波扰动中相位固定值相关联的速度。例如，在某点零位移的情况下，x 随 t 的前进速度。

从物理意义上，群速度 v_g 非常重要，因为每一个波列都具有有限范围，除非我们追踪单个波峰的运动（这在特殊的情况下才会发生），否则我们观察到的是波列的运动。此外，事实证明，波扰动中的能量传输发生在群速度处。

为了有效地处理这类问题，我们需要使用一个完整的频谱，足以定义一个单独的脉冲或波组，而不仅仅是两个正弦波，正如我们之前讨论的那样。当这样做时，仍然发现群速度的值由方程（9.37）给出。

在分析任意脉冲为纯正弦曲线时，色散的存在当然会带来重要的影响。如果这些正弦曲线具有不同的特征速度，扰动的形状必然会随着时间的推移而改变。特别是，一个最初高度局部化的脉冲将变得越来越分散。

深水中的波是一个鲜明的例子，它们具有很强的色散性。对于一个明确定义波长的波，其相速度与波长的平方根成比例，因此可以表述为

$$v_\mathrm{p} = c\lambda^{1/2} = c\kappa^{-1/2} \tag{9.38}$$

其中，c 是常数。但根据方程（9.36），$v_\mathrm{p} = \frac{\nu}{\kappa}$。

因此，有

$$\nu = c\kappa^{1/2}$$

所以，

$$\frac{\mathrm{d}\nu}{\mathrm{d}\kappa} = \frac{1}{2}c\kappa^{-1/2}$$

但是 $\frac{\mathrm{d}\nu}{\mathrm{d}\kappa}$ 是群速度，因此有

$$v_\mathrm{g} = \frac{1}{2}v_\mathrm{p} \tag{9.39}$$

因此，可以看到分量波峰快速穿过波组，振幅起初不断增大，然后又显著地逐渐消失。我们已经注意到这种奇怪的效应出现在海面或其他深水体上。

像其他弹性振动一样，气体中的声波是非色散的——至少在我们的理论描述正确的范围内是这样。这是一个理想的情况。想象一下，如果不同频率的声音以不同的速度在空气中传播，将会导致什么样的混乱以及听觉上的痛苦。

注意：让我们考虑在长弦或其他类似介质上建立几个不同波长的行波这一密切相关的问题。首先考虑一种非常简单的情况，两个振幅相等且都沿着正 x 方向传播的波，并由以下形式的方程进行描述：

$$
\begin{aligned}
y_1 &= A\sin\left[\frac{2\pi}{\lambda_1}(x-vt)\right] \\
y_2 &= A\sin\left[\frac{2\pi}{\lambda_2}(x-vt)\right]
\end{aligned} \tag{9.40}
$$

位移的线性叠加结果是 y_1 和 y_2 的和，因此，我们有

$$
y = y_1 + y_2 = A\left\{\sin\left[\frac{2\pi}{\lambda_1}(x-vt)\right] + \sin\left[\frac{2\pi}{\lambda_2}(x-vt)\right]\right\}
$$

由于两个波具有（我们假设）相同的速度 v，组合扰动就像一个保持形状不变的结构移动，恰似单一波长的波以速度 v 移动的刚性正弦曲线一样。如果我们将 t 设为 0，组合的形状就很容易分析了，此时我们有

$$
y = A\left\{\sin\left[\frac{2\pi x}{\lambda_1}\right] + \sin\left[\frac{2\pi x}{\lambda_2}\right]\right\} \tag{9.41}
$$

对于彼此波长相差不大的两个波长，这种组合如图 9.5 所示。

实际上，方程（9.41）与方程（9.33）在 t=0 时是相同的，并且从物理上讲，它描述了一种跳跃现象。重要的是，如果介质是色散的，群速度实际上表征的是能量传输的速度。

第 10 章　应力波的研究与应用举例

本章让我们从应力波的简要历史概述开始。波在弹性固体中的传播研究有着悠久而杰出的历史。早期对弹性波的研究受到了对弹性介质中扰动传播的概念的推动。

这一观点得到了像柯西和泊松这样的杰出数学家的支持，在现在通常被称为弹性理论的发展中起了重要作用。在弹性固体中波的传播方面的早期研究由泊松、柯西、格林、拉梅、斯托克斯和克里斯多菲进行，这些研究在勒夫的《弹性力学数学理论论著》中有所讨论。在 19 世纪后半叶，由于在地球物理学领域的应用，对弹性固体中波的研究再次引起了人们的关注。几个具有持久意义的贡献，特别是与特定波传播效应的发现有关的贡献，源自 1880 年至 1910 年间，归功于瑞利波、拉梅波和勒夫波。从那时起，波在固体中的传播一直是地震学中非常活跃的研究领域，因为需要更准确的关于地震现象、勘探技术和核勘探探测的信息。

至于工程应用，对波传播效应的浓厚兴趣在 1940 年初显现出来，当时的特定技术需求需要有关在高加载速率下结构性能的信息。从那时起，人们对弹性波的兴趣逐渐增加。这种兴趣受到了在高速机械、超声波、压电现象、材料科学中测量材料性能的方法以及土木工程实践（如打桩）相关技术发展的推动。至此，波传播效应的研究已经在应用力学领域得到了很好的建立。与此同时，除了对弹性固体中波的研究外，波的传播也在应用数学、电磁理论和声学的背景下得到了广泛研究。

研究对象如下：动态弹性特性的实验研究；塑性波和冲击波；应力波产生的断裂；数字信号处理在应力波研究中的应用；波在复合材料中的传播；用于结构失效分析的非破坏测试；应力波在医疗器械中的应用；应力波和地震学；应力波的岩土工程应用；音乐的声学基础；计算机模拟与数值模拟分析。

10.1　声　　波

一类相对简单的三维波包括那些可以在非黏性流体中传播的波。声波是其中的一个常见例子（如流体中的声波）。声波是纵向机械波，可以在固体、液体和气体中传播。传输这种波的材料颗粒在波本身传播方向上振动。

在一个宽泛的频率范围内可以产生纵向机械波，而声波被限制在可以刺激人耳和大脑产生听觉感觉的频率范围内。这个范围从大约为 20～20000Hz，被称为可听范围。

频率低于可听范围的纵向机械波被称为次声波（频率小于 20Hz），而频率高于可听范围的则被称为超声波（频率高于 20000Hz）。次声波通常由大波源产生，地震波就是一个实例。

与高频相关的超声波可以通过石英晶体的弹性振动，通过与外加的交变电场的共振引起（压电效应）产生。通过这种方式，可以产生高达 6×10^8Hz 的超声波频率；在空气中，

相应的波长约为 5×10^{-5}cm，与可见光波的长度相同。

声波起源于振动的弦（如小提琴或人类声带）、振动的气柱（风琴或单簧管等乐器），以及振动的板和膜（如木琴、扬声器和鼓）。

所有这些振动元件在向前运动时交替地压缩周围的空气，在向后运动时空气稀薄。空气随后以波的形式将这些干扰从源头向外传递。

当这些波进入耳朵后，会引发近似周期性或由少量近似周期性组件组成的声音波形的感觉。这些组件通常会使人产生愉悦的感觉（如果强度不太高），如音乐声。波形为非周期性的声音被认为是噪声。

10.1.1 多普勒效应

奥地利学者克里斯蒂安·约翰·多普勒在 1842 年提出了这样一个观点，即发光体的颜色就像发声体的音高一样，必须通过物体和观察者的相对运动来改变。这种现象被称为多普勒效应，适用于一般的波。

换句话说，如果周期性扰动的波源相对于介质移动，它产生的波的模式就会被改变，最简单的情况是波源以恒定速度沿直线运动。

这是两种非常不同的情况（图 10.1），取决于波源的速度是小于还是大于它产生的波的速度。

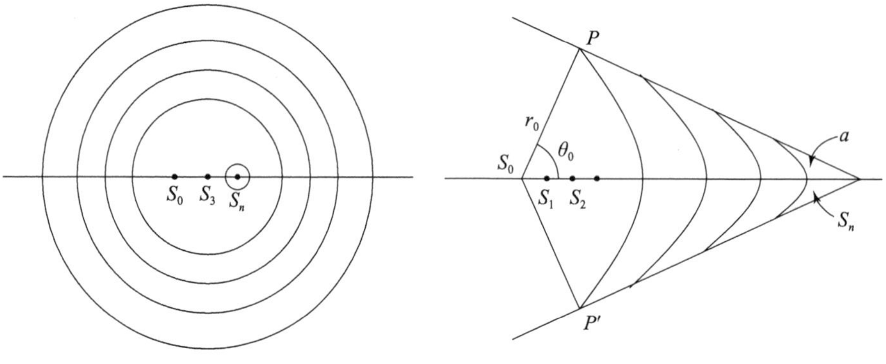

图 10.1 波源速度与波速的关系示意图

图 10.1 展示了波源以小于波速运动（a）和波源以大于波速运动（b）时，在相等的时间间隔内产生的连续波前。图中显示了波源 S 在一系列相等的时间间隔内的位置。这些间隔可以是波源产生短暂脉冲的瞬间，或者是波源平滑正弦振动的一个周期相隔的瞬间。

在任何情况下，以 S 的给定位置为中心的圆表示在给定的后续时刻受到从 S 传播的波影响的点的轨迹。设声源的速度为 u，波速为 v。然后，在其中一个圆形波激发后的时间为 t，波前的半径为 vt，并且声源移动了一段距离 ut。如果 $u<v$，情况如图 10.1（a）所示。圆形波阵面位于另一个波前内部，连续波前之间的距离沿着光源的运动方向最小，在与该方向成 180°时最大。如果 τ 是图 10.1（a）中所示的 S 的连续位置之间的时间间隔，那么这些波前的间隔为 $(v-u)\tau$ 和 $(v+u)\tau$。但如果运动源是静止的，$v\tau$ 表示在任意方向的波前之

间的距离。因此，从运动源发射的波的波长随方向有系统的变化，这就是多普勒效应。

特别是，波长 λ 变成了

$$\lambda_{\min} = \lambda_0\left(1-\frac{u}{v}\right), \quad \lambda_{\max} = \lambda_0\left(1+\frac{u}{v}\right)$$

对于其他方向，情况更加复杂，但如果从源点到观察点的距离远大于一个波长，则可以简化分析。此时，我们得到的情况如图 10.2 所示。波从源点 S_0 到 S_n 再到达点 P 的波，标记为 S_0 和 S_n 的点表示源在 $t=0$ 和 $t=n\tau$（n 周期后）的位置。

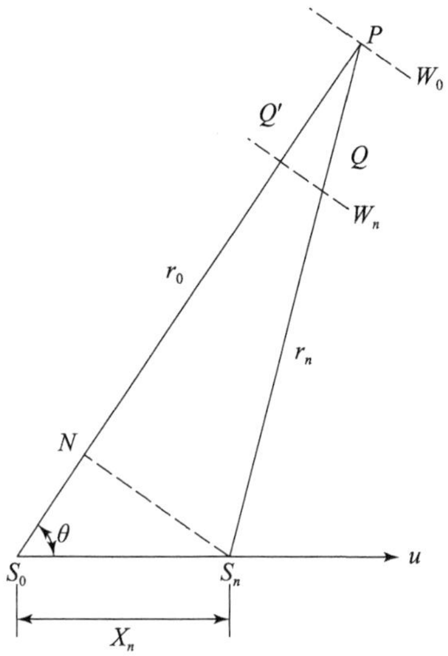

图 10.2　从源点到观测点的距离远大于一个波长情况下波源速度与波速之间的关系

由于源的速度是 v，我们有 $S_0S_n = X_n = vn\tau$，由于观测点 P 被假设为很远，$\angle S_0PS_n$ 很小，这意味着从 S_0 和 S_n（以及所有中间源点）到达 P 的波前几乎是平行的。

假设来自 S_0 的波 W 刚刚到达 P_0，定义时间 $t_{\rm P}$ 等于 r_0/v。来自 S_n 的波在 $t=n\tau$ 开始传播，因此在时间 $t_{\rm P}-n\tau$，它的波前面在 W_n，我们有

$$S_nQ = v(t_{\rm P}-n\tau) = r_0 - vn\tau$$

波前之间的距离可以取为 QP 或 $Q'P$（它们之间的差异不显著）。

如果令 $S_nP=\gamma_n$，就有 $QP=\gamma_n - S_nP = \gamma_n-\gamma_0+vn\tau$，但是如果把 S_n 垂直投影到线段 S_0P 上，同样有 $NP\approx\gamma_n$（同样是因为角度 S_0PS_n 很小），这样就得出 $\gamma_0-\gamma_n\approx S_0N=X_n\cos\theta$，即 $\gamma_0-\gamma_n=un\tau\cos\theta$。将 QP 代入前面的表达式中，我们有

$$Q'P\approx QP\approx vn\tau-un\tau\cos\theta=n\lambda_0\left(1-\frac{u\cos\theta}{v}\right) \tag{10.1}$$

但 $Q'P$ 或 QP 在观察方向 θ 上跨越了扰动的 n 个波长。因此，我们有

$$\lambda(\theta)=\lambda_0\left(1-\frac{u\cos\theta}{v}\right) \tag{10.2}$$

简单来说，就是多普勒效应取决于观察者方向上的波源速度分量。连续波前通过观测点 P 的频率是波速 v 除以波长 λ。因此，我们就有了

$$\frac{v}{\lambda(\theta)}=\frac{v}{\lambda_0\left(1-\frac{u\cos\theta}{v}\right)}$$
$$v(\theta)=\frac{v_0}{1-\frac{u\cos\theta}{v}} \tag{10.3}$$

上式中第二个方程是声学中多普勒效应的最恰当表述，因为这种效应是通过从移动声源接收到的音调变化来检测的。现在让我们考虑源速度 u 超过波速 v 的情况，即 $u>v$。这给我们提供了一个类似于图 10.1（b）所示的情况，假设在 $t=0$ 时源位于 S_0，然后在 $t=n\tau$ 时源位于 S_n，其中 $S_0S_n=un\tau$，来自源 S_0 的波前半径为 $nv\tau$。

在 S_n 的位置，波才刚刚开始产生。如果从 S_n 到 S_0 波前绘制切线，则这些线也与所有其他中间圆相切。基于我们先前对惠更斯构造（即惠更斯原理，图 10.3）认知可知，沿着这些线的波将得到增强，因此它们就像以速度 v 向外传播的直线波前。

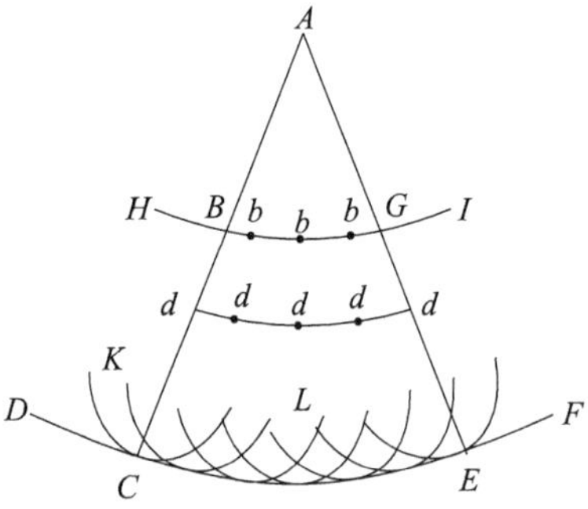

图 10.3　惠更斯原理示意图（Huygens，1962）

这些波前与源点运动线之间形成的角度 α 定义为

$$\sin\alpha=\frac{S_0P}{S_0S_n}=\frac{u}{v} \tag{10.4}$$

其中，$\frac{u}{v}$ 为马赫数，角度 α 是马赫角（只有当马赫数大于 1 时才存在）。

惠更斯原理：未受阻碍的圆形波脉冲产生随后的圆形波阵面，而直脉冲则产生直线波阵面。为了更明确地了解 $u>v$ 的圆形波的轨迹如何形成集中的直线波前，考虑连续圆形波在远离移动源的点 P 处的到达时间。

10.1.2　声爆

再次参考图 10.2。假设一个波从 $t=0$ 的 S_0 开始，而另一个波从 $t=n\tau$ 的 S_n 开始。这些波到达 P 的时间由下式给出：

$$t_0 = \frac{r_0}{v}, \quad t_n = n\tau + \frac{r_n}{v}$$

所以，

$$t_n - t_0 = n\tau - \frac{r_0 - r_n}{v} \tag{10.5}$$

我们将再次令 $r_0 - r_n \approx x_n \cos\theta = nu\tau\cos\theta$，

$$t_n - t_0 = n\tau\left(1 - \frac{u\cos\theta}{v}\right) \tag{10.6}$$

显然，如果 $u < v$，那么 t_n 总是大于 t_0，即波按照发射的顺序到达。但如果 $u > v$，时间序列取决于 θ。特别是，有一个 θ 的值，使得波前在同一时刻到达 P。称这个角度为 θ_0，我们有

$$\cos\theta_0 = \frac{v}{u} \tag{10.7}$$

θ 的这个值是马赫角的补充，定义了垂直于直波阵面的方向，沿着这个方向，圆形小波的集中区域传播。在这种情况下，我们可以理解声爆效应。

图 10.4（a）中，脉冲来自移动源（$u > v$）并在方向 $\theta_0 = \arccos\frac{v}{u}$ 处，同时堆积在远离点 P 的地方。在图 10.4（b）中产生了声爆的效应。如图 10.4（a）所示，如果震源 S 的传播速度大于波速（即 $u > v$），观测者位于 P，则从 P 绘制一条与震源运动方向夹角 θ_0 的线将在运动线上的点 S_0 处相交。在震源通过 S_0 后的 $\frac{r}{v}$ 时间内，P 将突然接收到震源距离 S_0 及 S_0 之后的短距离内产生的小波堆积，这些小波同时到达 P。此时，震源本身已经超过了 S_0 的 $\frac{u}{v}r_0$ 的距离，如图 10.4（a）所示，在这一瞬间之前，P 没有受到任何扰动。在堆积超过 P 之后，会继续有正常的小波到达，但由于没有同时到达而得不到增强，它们可能太弱以至于难以察觉。

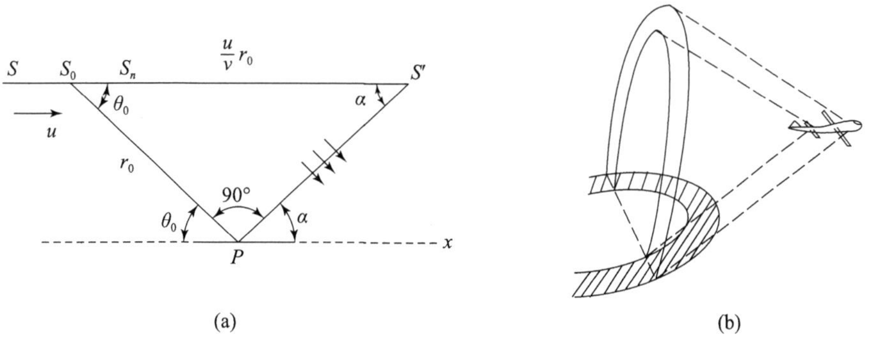

(a)　　　　(b)

图 10.4　声爆效应示意图

在实际应用中，以超声速飞行的飞机产生双声爆，这是因为形成了两个主要的激波前

沿，一个位于机头，另一个位于机尾。因此，对于水平移动的飞机，以恒定速度存在一些锥形表面，如图 10.4（b）所示。它们与地面的交点呈双曲线形状。当这个模式扫过任何特定点时，就会在那里听到声爆。Wilson（1962）详细说明了有关声爆的理论。

10.2 水　波

对于大多数人来说，“波浪”这个词让人想到一个海洋的画面，海浪从开阔的海域席卷到海滩。

如果你曾经观察这些“波浪”现象，当波浪迅速向前推进时，你会感受到水在陆地上的冲击，事实上这些波浪可能会造成巨大的破坏，因为它们携带了大量的能量。然而当一切结束，波浪逐渐接近破碎时，水上升到海滩上的高度几乎和之前一样。那前进的冲击并没有显著地将水体更进一步地带上岸。

在开阔海域的长波（称为涌浪）传播得又快又远。比如，到达加利福尼亚海岸的海浪可以追溯到南太平洋超过 7000mi①外的源头，以每小时 40mi 甚至更高的速度传播。显然，大海本身并没有以壮观的方式传播，它只是起到了传递所谓波动的一种媒介作用。在这里，我们观察到了所谓波动的基本特征，即某种状态（比如能量、变形）通过介质从一个地方传递到另一个地方，但介质本身并不被传送。

局部效应可以与距离的原因相联系，因果之间存在时间延迟，这取决于介质的性质，并在波的速度中显现。所有物质介质——固体、液体和气体——都可以通过波以正常模式传递能量和信息。我们对耦合振荡器和正态模态的研究为理解这一重要现象奠定了基础。尽管水上的波浪是最为熟悉的波动类型之一，但在揭示底层物理过程方面，它们也是最为复杂类型的之一。

在研究液体中的波动之前，我们需要提供理想（非黏性）液体的流体力学基本方程。这些方程分为三类：

（1）本质上是运动学的方程，描述流体的存在性。

（2）连续性方程，表示流体移动时质量守恒的方程，涉及质量浓度的变化。

（3）动力学方程，即伯努利方程，总结了将牛顿第二定律应用于流体的情况，特别是对于不可压缩、非黏性液体的无旋转运动。

在流体运动时，存在两种等效的描述方法。在欧拉方法中，我们用流体流动时在固定点 r_0 处发生的事情来描述流体的某些方面（即欧拉坐标上的空间描述）。因此，当流体流动时，我们不断地观察到新质点通过观测点。在拉格朗日方法中，我们挑选出流体的单个质点，并跟随它参与流体运动（即拉格朗日坐标上的材料描述）。

现在研究在重力影响下水-空气界面可能发生的波，可以将水想象成湖泊或海洋的理想化，暂时省略表面张力对面波运动的影响。此外，为了忽略伯努利方程中的非线性项 $\frac{1}{2}v^2$，

① 1mi=1609.344m。

有必要将分析限制在小振幅的波上，

$$\begin{aligned}&\frac{\partial\phi}{\partial t}+\frac{1}{2}v^2+\frac{p}{\rho}-qz=F(t)\\&\frac{1}{2}v^2\approx 0 \quad 且 \quad \frac{\partial\phi}{\partial x}=v\end{aligned} \tag{10.8}$$

实际上，我们通过忽略项$(v\cdot\nabla)v$使欧拉加速度$\dfrac{\partial v}{\partial t}$等同于拉格朗日加速度$\dfrac{\partial v}{\partial t}$，即从第 1 章中式（1.58）至式（1.59）可以得出

$$\dot{v}=\frac{\partial v}{\partial t}+(v\cdot\nabla)v \quad 且 \quad \frac{\mathrm{d}v}{\mathrm{d}t}=\frac{\partial v}{\partial t}+(v\cdot\nabla)v$$

10.2.1　潮汐

在把一直在讨论的波浪运动与海洋潮汐联系起来之前，我们需要了解天体，如月球或太阳，如何在地球上产生潮汐。为简单起见，假设只考虑月球产生的力，质量为 M，在距离地心 R 处。

我们将地球的中心视为条件框架的原点，其中 Z 轴指向远离月亮，如图 10.5 所示。

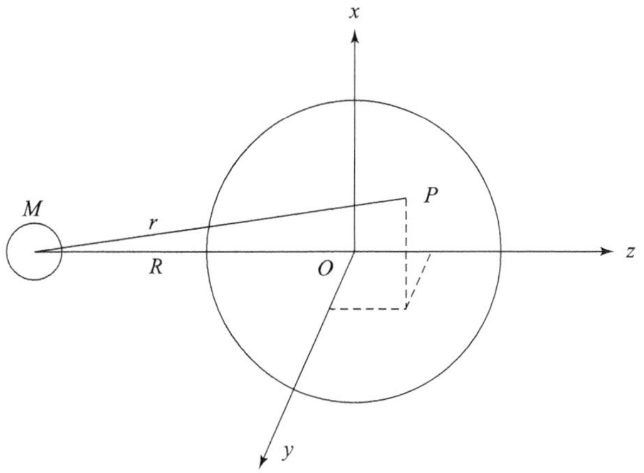

图 10.5　地月系统示意图

位于地球上的点 P 的单位质量由于远处物体（例如月球）的引力而引起的势能增加：

$$v_{\mathrm{m}}=-\frac{GM}{r}=\frac{-GM}{[(R+z)^2+x^2+y^2]^{1/2}} \tag{10.9}$$

因为月球的存在，其中 r 是从 P 到月球中心的距离，G 是引力常数。

由于点 P 的坐标与 R 相比较小，可以在$\dfrac{x}{R}$，$\dfrac{y}{R}$和$\dfrac{z}{R}$的幂上展开 v_{m}，则有

$$v_m=-\frac{GM}{R}\frac{1}{\left[\left(1+\dfrac{z}{R}\right)^2+\left(\dfrac{x}{R}\right)^2+\left(\dfrac{y}{R}\right)^2\right]^{1/2}}=-\frac{GM}{R}+\frac{GM}{R^2}-\frac{GM}{2R^3}(2z^2-x^2-y^2)+\cdots \tag{10.10}$$

因此，月球对 P 点单位质量的吸引力分量如下：

$$\begin{cases} F_x = -\dfrac{\partial v_m}{\partial x} = -\dfrac{GM}{R^3}x + \cdots \\ F_y = -\dfrac{\partial v_m}{\partial y} = -\dfrac{GM}{R^3}y + \cdots \\ F_z = -\dfrac{\partial v_m}{\partial z} = -\dfrac{GM}{R^2} + \dfrac{2GM}{R^3}z + \cdots \end{cases} \tag{10.11}$$

F_z 中的第一项明显大于第二项，因为地球的半径大约是距离月球的距离的 1/60。

第一项显然等于月球对地球上单位质量的平均力，并影响地-月系统的向心加速度。

然而，地球上的观测者不能将这个术语视为一种力，原因与宇航员不能观察地球的引力相同：它正被伴随它的自由落体加速度所抵消。

其余的力分量，在整个地球上的平均值为零，其在地球表面的分布具有有趣的特性，如图 10.6（a）中的 xz 平面所示。在图 10.6（b）中描绘的这些力在地球表面平行的分量是潮汐的主要组成部分。其总和产生了类似的潮汐生成力模式，其振幅约为月球的一半，关于地球和太阳轴对称排列。太阳的质量大得多，远远超过了它离地球更远的距离的影响，这在潮汐产生力的表达式中进入了一个反立方体。地球上任何时候都存在两个（而非一个）涨潮区域，这是由于力系统相对于 xy 平面的镜像对称性，如图 10.6 所示。

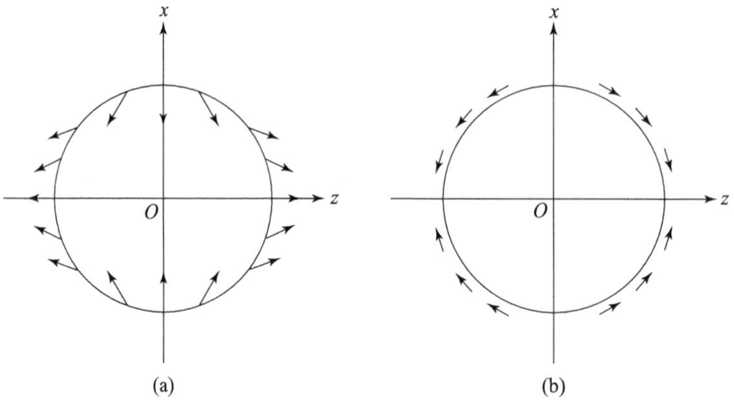

图 10.6　xz 平面中的潮汐产生力

牛顿提出了一种对海洋潮汐的解释，称为平衡理论。作为一个模型，他想象地球被一个恒定深度的海洋覆盖，受到力系统的影响[根据方程（10.11）]以及地球的引力如图 10.7 所示。

当海洋表面的水质点由于月球和地球而具有恒定的势能时，无论质点位于何时，都处于平衡状态。平衡理论忽略了由地球的自转和月球在其轨道上的运动引起的潮汐动力学方面的影响。它在月球穿越地球一侧或另一侧的观测者子午线时预测会出现高水位。相比之下，发现高水位在月亮穿过这条子午线后几小时才出现。对于这种延迟的解释涉及潮汐波的概念。然而，平衡理论解释了每天存在两次潮汐，以及太阳和月亮的潮汐产生力如何共同作用，形成春潮和露潮。它还解释了由于月球的轨道倾角与天球赤道的夹角而产生的昼夜不平等。当月球穿过赤道时，由月球引起的昼夜不平衡消失。

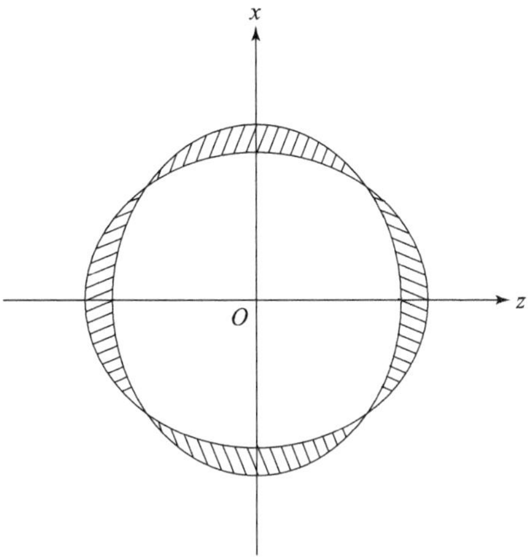

图 10.7　平衡理论中的潮汐山

在牛顿之后大约一个世纪，拉普拉斯提出了潮汐的动力学理论。作为他理论的简化模型，让我们假设地球在赤道处有一个均匀深度的运河，并且假设运河中的水受到潮汐产生力的影响，如方程（10.11）所示。拉普拉斯在理论上表明，对于覆盖地球的广阔海洋，南北流动会抵消中纬度的潮汐，但赤道地区的潮汐会发生反转，而极地地区的潮汐则保持不变。在实际应用中，陆地的质量极大地改变了由月球和太阳引起的潮汐波，就像由地球自转产生的科里奥利力一样。因此，由理论结合已知的月球和太阳运动，能够预测地球上各个点潮汐的重要谐波分量的频率，但不能准确预测其振幅和相位。每个位置上每个分量的实际相位和振幅都必须通过对该位置潮汐长期行为进行的谐波分析来确定。一旦完成这一分析，通过谐波合成，就可以预测该地未来所有时间的潮汐。然而，海洋上大气压的变化和风的作用可能以随机方式影响实际潮汐模式。此外，Defant（1958）提供了一场关于处理潮汐有趣的讨论，Read（1988）讨论了旋转流体的动力学：实验室实验哲学和大气总环流研究。

10.2.2　科里奥利力

让我们从矢量力学开始：由于任何坐标系都可以被指定为“固定的”，因此所有未刚性连接到该坐标系的其他坐标系将被描述为“移动的”。如果移动坐标系 $O'x'y'z'$，即如果其轴保持与固定坐标系 $Oxyz$ 的相应轴平行，如图 10.8 所示，则在两个坐标系中使用相同的单位向量 $\boldsymbol{i}$、$\boldsymbol{j}$、$\boldsymbol{k}$，并且在任何给定时刻向量 $\boldsymbol{p}$ 在这两个坐标系中具有相同的分量 p_x、p_y、p_z。

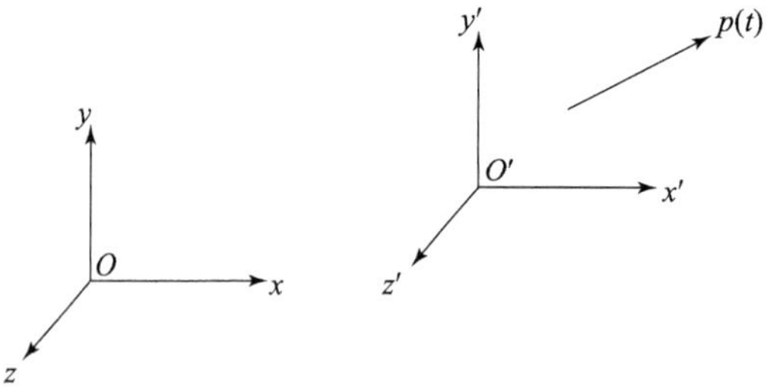

图 10.8　矩形坐标系

在向量微积分中，我们有 p（u）标量，是变量 u 的向量函数。这意味着标量 u 完全定义了向量 $\boldsymbol{p}$ 的大小和方向。如果将向量 $\boldsymbol{p}$ 从固定原点 O 绘制，并且允许标量 u 变化，则 $\boldsymbol{p}$ 的尖端将在空间中描述一个给定的曲线。考虑向量 $\boldsymbol{p}$ 分别对应于标量变量的 u 和 $u+\Delta u$，如图 10.9 所示。

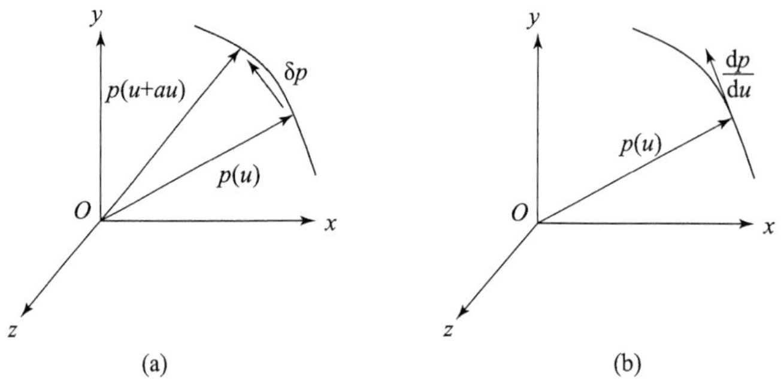

图 10.9　向量 $\boldsymbol{p}$ 沿着标量 u 移动

设 Δp 是连接两个给定向量尖端的向量，写成

$$\Delta\boldsymbol{p}=\boldsymbol{p}(u+\Delta u)-\boldsymbol{p}(u) \tag{10.12}$$

除以 Δu，让 Δu 趋近于零，我们定义向量函数 $p(u)$ 的导数为

$$\frac{\mathrm{d}\boldsymbol{p}}{\mathrm{d}u}=\lim_{\Delta u\to 0}\frac{\Delta\boldsymbol{p}}{\Delta u}=\lim_{\Delta u\to 0}\frac{\boldsymbol{p}(u+\Delta u)-\boldsymbol{p}(u)}{\Delta u} \tag{10.13}$$

当 Δu 接近零时，Δp 的作用线与图 10.9（b）中的曲线相切。

因此，向量函数 $p(u)$ 的导数 $\dfrac{\mathrm{d}p}{\mathrm{d}u}$ 与 $p(u)$ 尖端所描述的曲线相切，如图 10.9（b）所示。同时，我们有

$$\frac{\mathrm{d}(PQ)}{\mathrm{d}u}=\frac{\mathrm{d}p}{\mathrm{d}u}Q+p\frac{\mathrm{d}Q}{\mathrm{d}u} \tag{10.14}$$

$$\frac{\mathrm{d}(P\times Q)}{\mathrm{d}u}=\frac{\mathrm{d}p}{\mathrm{d}u}\times Q+p\times\frac{\mathrm{d}Q}{\mathrm{d}u} \tag{10.15}$$

并且

$$\frac{\mathrm{d}\boldsymbol{p}}{\mathrm{d}t}=\frac{\mathrm{d}p_x}{\mathrm{d}t}\boldsymbol{i}+\frac{\mathrm{d}p_y}{\mathrm{d}t}\boldsymbol{j}+\frac{\mathrm{d}p_z}{\mathrm{d}t}\boldsymbol{k}$$
$$\dot{\boldsymbol{p}}=\frac{\mathrm{d}\boldsymbol{p}}{\mathrm{d}t}=\dot{p}_x\boldsymbol{i}+\dot{p}_y\boldsymbol{j}+\dot{p}_z\boldsymbol{k} \tag{10.16}$$

$\frac{\mathrm{d}\boldsymbol{p}}{\mathrm{d}t}$ 或 $\dot{\boldsymbol{p}}$ 是 $\boldsymbol{p}$ 相对于坐标系的变化率。

然而，$Oxyz$ 在坐标系 $O'x'y'z'$ 的平移中，使用了相同的单位向量 $\boldsymbol{i}$，$\boldsymbol{j}$，$\boldsymbol{k}$。因此，固定坐标系 $Oxyz$ 和平移后的坐标系 $O'x'y'z'$ 都有相同的单位向量 $\boldsymbol{i}$，$\boldsymbol{j}$，$\boldsymbol{k}$，在任何给定的时刻，向量 $\boldsymbol{p}$ 在两坐标系中都有相同的分量 p_x, p_y, p_z。

由方程（10.16）可知，变化率 $\dot{\boldsymbol{p}}$ 对于坐标系 $Oxyz$ 和 $O'x'y'z'$ 是相同的。

因此，我们声明：矢量的变化率相对于固定坐标系和相对于平移中的坐标系是相同的。这一性质将极大地简化我们在动力学中的工作。

我们将分析一些情况，这些情况中同时使用多个参考系会更为方便。

如果其中一个坐标系是固定的（例如，附着在地球上），它将被称为固定的参照系，而另一个坐标系将被称为移动的参考系。

然而，选择一个固定的参照系是任意的。任何坐标系都可以被指定为固定的，而所有其他未刚性附着在此坐标系上的坐标系将被描述为移动的。

考虑空间中移动的两个质点 A 和 B（图 10.10），向量 $\boldsymbol{r}_A$ 和 $\boldsymbol{r}_B$ 定义了它们相对于固定坐标系参考 $Oxyz$ 在任何给定时刻的位置。现在考虑一个以 A 为中心并平行于 x，y，z 轴的坐标系 $x'y'z'$，尽管原点随着它们的移动而改变，但其方向保持不变；坐标系 $O'x'y'z'$ 是通过 $Oxyz$ 平移得到的。连接 A 和 B 的向量 $\boldsymbol{r}_{B/A}$ 定义了 B 相对于移动坐标系 $Ax'y'z'$ 的位置（或简称 B 相对于 A 的位置）

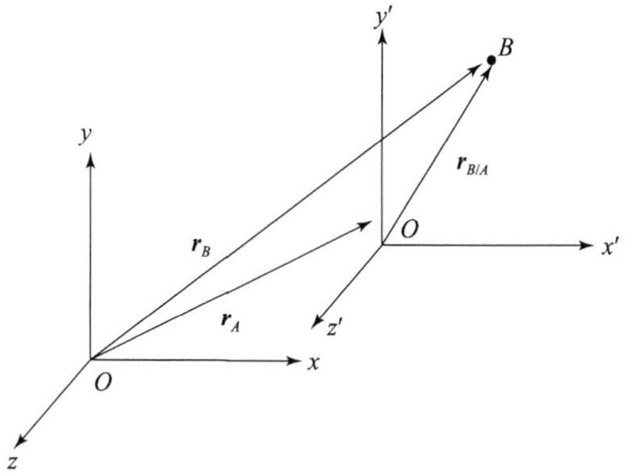

图 10.10　点 B 相对于点 A 的位置

我们从图 10.10 中注意到，表示质点 B 的位置向量 $\boldsymbol{r}_B$ 是质点 A 的位置向量 $\boldsymbol{r}_A$ 和 B 相对于 A 的位置向量 $\boldsymbol{r}_{B/A}$ 之和，可写成

$$\boldsymbol{r}_B=\boldsymbol{r}_A+\boldsymbol{r}_{B/A} \tag{10.17}$$

在固定参照系内对方程（10.17）关于 t 进行微分，用点来表示时间导数，我们得到

$$\dot{r}_B = \dot{r}_A + \dot{r}_{B/A} \tag{10.18}$$

导数 $\dot{r}_A$ 和 $\dot{r}_B$ 分别表示质点 A 和 B 的速度 v_A 和 v_B。由于 $Ax'y'z'$ 是平移的，导数 $\dot{r}_{B/A}$ 表示 $r_{B/A}$ 相对于坐标系 $Ax'y'z'$ 变化率，以及相对于固定坐标系的变化率。因此，这个导数定义了 B 相对于坐标系 $Ax'y'z'$ 的速度 $v_{B/A}$（或称 B 相对于 A 的速度 $v_{B/A}$），可写成

$$v_B = v_A + v_{B/A} \tag{10.19}$$

对方程（10.19）关于 t 进行微分，并使用导数 $v_{B/A}$ 来定义 B 相对于坐标系 $Ax'y'z'$的加速度 $a_{B/A}$（或称 B 相对于 A 的加速度 $a_{B/A}$），可写成

$$a_B = a_A + a_{B/A} \tag{10.20}$$

B 相对于固定坐标系 $Oxyz$ 的运动称为 B 的绝对运动。

这里推导出的方程表明 B 的绝对运动可以通过结合 A 的运动和 B 相对于附着在 A 上的坐标系的相对运动来获得。然而，请注意坐标系 $Ax'y'z'$是在平移中的，也就是说，虽然它随着 A 的移动而移动，但它保持相同的方向。实际上，在旋转参考系的情况下，必须使用不同的关系。

现在，让我们考虑相对于固定坐标系和相对于旋转坐标系的一个向量 $\boldsymbol{Q}$ 的变化率。

绕固定轴旋转：考虑一个围绕固定轴 AA' 旋转的刚体。设 P 是物体的一个点，$\boldsymbol{r}$ 是它相对于固定参考系的位置向量。让坐标系以点 O 为中心，与 AA'重合，如图 10.11 所示。

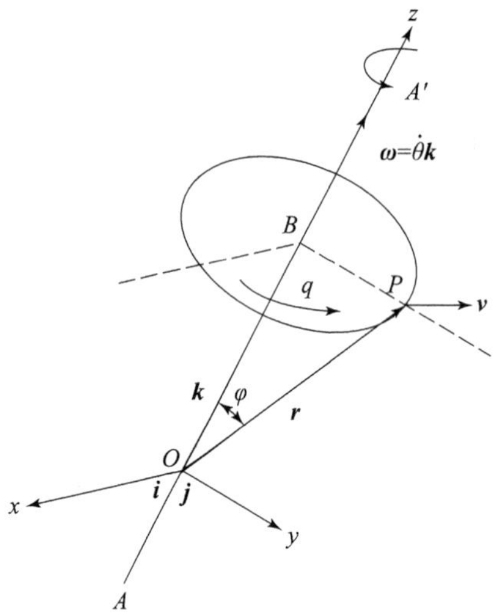

图 10.11　围绕 AA' 轴的转动

设 B 是 P 在 AA'上的投影，因为 P 必须与 B 保持恒定距离，它将描述一个以 B 中心，半径为 $r\sin\varphi$ 的圆，其中 φ 表示 r 和 AA'之间的夹角。P 和整个物体的位置完全由线段 BP 与 xz 平面形成的角度 θ 定义。角度 θ 被称为物体的角度坐标，当从 A'逆时针方向观察时，角度定义为正。角坐标将以弧度（rad）表示，或者偶尔以度（°）或转数（rev）表示：

$$1\text{rev} = 2\pi\text{rad} = 360°$$

由于质点 P 的速度 $\boldsymbol{v}=\mathrm{d}\boldsymbol{r}/\mathrm{d}t$ 是与 P 路径相切的矢量，大小为 $v=\mathrm{d}s/\mathrm{d}t$，因此观察到当物体旋转 $\Delta\theta$ 时，P 描述的弧的长度 Δs 为

$$\Delta s = (BP)\Delta\theta = r(\sin\varphi)\Delta\theta$$

将等式两边同时除以 Δt ，当 Δt 趋近于零时，我们得到极限

$$v = \frac{\mathrm{d}s}{\mathrm{d}t} = r\dot{\theta}\sin\varphi \tag{10.21}$$

其中，$\dot{\theta}$ 表示 θ 对时间的导数。

请注意，角度 θ 取决于 P 在体内的位置，但角度变化速率 θ 本身与 P 无关。

我们得出结论，P 的速度 v 是一个矢量，垂直于包含 AA' 和 r 的平面，并且 $\boldsymbol{v}$ 的大小由方程（10.21）定义。如果我们沿着 AA' 绘制向量 $\boldsymbol{\omega}=\theta\boldsymbol{k}$ ，并形成向量积 $\boldsymbol{\omega}\times\boldsymbol{r}$ ，这正是我们会得到的结果，如图 10.11 所示。因此，我们写出

$$\boldsymbol{v} = \frac{\mathrm{d}\boldsymbol{r}}{\mathrm{d}t} = \boldsymbol{\omega}\times\boldsymbol{r} \tag{10.22}$$

向量

$$\boldsymbol{\omega} = \omega\boldsymbol{k} = \theta\boldsymbol{k} \tag{10.23}$$

它沿着旋转轴的方向，称为物体的角速度，其大小等于角坐标的变化率 $\boldsymbol{\theta}$ ；它的方向可以通过右手定则从物体的旋转方向获得。实际上，在更一般的情况下，刚体同时围绕具有不同方向的轴旋转，角速度服从平行四边形定则的叠加，并实际上是矢量。

质点的加速度 $\boldsymbol{a}$ 为

$$\boldsymbol{a} = \frac{\mathrm{d}\boldsymbol{v}}{\mathrm{d}t} = \frac{\mathrm{d}}{\mathrm{d}t}(\boldsymbol{\omega}\times\boldsymbol{r}) = \frac{\mathrm{d}\boldsymbol{\omega}}{\mathrm{d}t}\times\boldsymbol{r} + \boldsymbol{\omega}\times\frac{\mathrm{d}\boldsymbol{r}}{\mathrm{d}t} = \frac{\mathrm{d}\boldsymbol{\omega}}{\mathrm{d}t}\times\boldsymbol{r} + \boldsymbol{\omega}\times\boldsymbol{v} \tag{10.24}$$

向量 $\frac{\mathrm{d}\boldsymbol{\omega}}{\mathrm{d}t}$ 通常用 $\boldsymbol{a}$ 表示，称为物体的角加速度。

同时，用方程（10.22）代替 $\boldsymbol{v}$，我们有

$$\boldsymbol{a} = \boldsymbol{\alpha}\times\boldsymbol{r} + \boldsymbol{\omega}\times(\boldsymbol{\omega}\times\boldsymbol{r}) \tag{10.25}$$

对方程（10.23）进行微分，k 大小和方向上都是常数，我们有

$$\boldsymbol{\alpha} = \alpha\boldsymbol{k} = \omega\times\boldsymbol{k} = \ddot{\theta}\boldsymbol{k} \tag{10.26}$$

因此，绕固定轴旋转的物体的角加速度是沿旋转轴定向的矢量，并且在大小上等于角速度的变化率 ω 。从方程（10.25）中，我们注意到 P 的加速度是两个向量之和。第一个向量等于向量积 $\boldsymbol{\alpha}\times\boldsymbol{\gamma}$ ，它与 P 描述的圆相切，因此是切向加速度的分量。

第二个向量等于向量三重积 $\boldsymbol{\omega}\times(\boldsymbol{\omega}\times\boldsymbol{r})$，由 $\boldsymbol{\omega}$ 和 $\boldsymbol{\omega}\times\boldsymbol{r}$ 的乘积得到。

由于 $\boldsymbol{\omega}\times\boldsymbol{r}$ 是与 P 描述的圆相切的，因此这个向量三重积指向圆的中心 B，因此代表加速度的法向分量，即矢量相对于旋转坐标系的变化率。我们知道一个向量对于一个固定坐标系和相对于一个在平移中的坐标系的变化率是相同的。现在，考虑一个向量 $\boldsymbol{Q}$ 对一个固定坐标系和一个旋转参照系的速率。这意味着我们要确定 $\boldsymbol{Q}$ 相对于一个参考系的变化率，以及在另一个参考系中的分量。考虑两个以 O 为中心的参考坐标系，一个是固定坐标系 $OXYZ$ ，另一个是绕固定轴 OA 旋转的坐标系 $Oxyz$ ；Ω 表示坐标系 $Oxyz$ 在给定时刻的角速度，如图 10.12 所示。

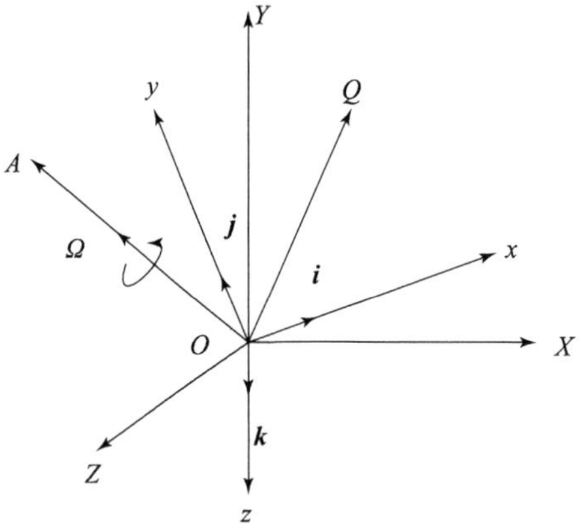

图 10.12　两个参考坐标系的关系

现在考虑一个向量函数 $\boldsymbol{Q}$（t），由附加在 O 处的向量 $\boldsymbol{Q}$ 表示，随着时间 t 的变化，$\boldsymbol{Q}$ 的方向和大小都在变化。由于使用 $OXYZ$ 作为参考系的观察者和使用 $Oxyz$ 的观察者对 $\boldsymbol{Q}$ 的变化有不同的观察角度，我们应该预期 $\boldsymbol{Q}$ 的变化率取决于所选择的参考系。因此，$\boldsymbol{Q}$ 相对于固定坐标系 $OXYZ$ 的变化率用 $(\dot{\boldsymbol{Q}})OXYZ$ 表示，$\boldsymbol{Q}$ 相对于旋转坐标系 $Oxyz$ 的变化率将用 $(\dot{\boldsymbol{Q}})Oxyz$ 表示。

我们建议确定这两种变化率之间的关系。将矢量 $\boldsymbol{Q}$ 分解成沿旋转坐标系的 x、y 和 z 轴的分量，用 $\boldsymbol{i}$，$\boldsymbol{j}$ 和 $\boldsymbol{k}$ 表示相应的单位向量，写成

$$\boldsymbol{Q} = Q_x\boldsymbol{i} + Q_y\boldsymbol{j} + Q_z\boldsymbol{k} \tag{10.27}$$

对方程（10.27）关于 t 进行微分，并考虑单位向量 $\boldsymbol{i}$、$\boldsymbol{j}$、$\boldsymbol{k}$ 为固定向量，我们得到相对于旋转坐标系 $Oxyz$ 的 $\boldsymbol{Q}$ 变化率

$$(\boldsymbol{Q})Oxyz = \dot{Q}_x\boldsymbol{i} + \dot{Q}_y\boldsymbol{j} + \dot{Q}_z\boldsymbol{k} \tag{10.28}$$

为了得到 Q 相对于固定坐标系 $OXYZ$ 的变化率，在求微分方程（10.27）时，我们希望将单位向量 $\boldsymbol{i}$，$\boldsymbol{j}$，$\boldsymbol{k}$ 作为变量。因此，可以写成

$$(\boldsymbol{Q})OXYZ = \dot{Q}_x\boldsymbol{i} + \dot{Q}_y\boldsymbol{j} + \dot{Q}_z\boldsymbol{k} + Q_x\frac{\mathrm{d}\boldsymbol{i}}{\mathrm{d}t} + Q_y\frac{\mathrm{d}\boldsymbol{j}}{\mathrm{d}t} + Q_z\frac{\mathrm{d}\boldsymbol{k}}{\mathrm{d}t} \tag{10.29}$$

回顾方程（10.28），我们观察到方程（10.29）右侧的前三项之和表示变化率 $(\boldsymbol{Q})Oxyz$ 。

另外，我们注意到，如果向量 $\boldsymbol{Q}$ 固定在坐标系 $OXYZ$ 中，变化率 $(\boldsymbol{Q})Oxyz$ 将减少到公式（10.29）中的最后三项，因为此时 $(\boldsymbol{Q})Oxyz$ 将为零。但在这种情况下，$(\boldsymbol{Q})OXYZ$ 将表示位于 $\boldsymbol{Q}$ 尖端的质点的速度，该质点属于刚性连接到坐标系 $Oxyz$ 上的物体。因此，方程(10.29)中的最后三项表示该质点的速度；由于坐标系 $Oxyz$ 在考虑的时刻相对于 $OXYZ$ 具有角速度 $\boldsymbol{\Omega}$，我们用方程（10.22）写为

$$Q_x\frac{\mathrm{d}\boldsymbol{i}}{\mathrm{d}t} + Q_y\frac{\mathrm{d}\boldsymbol{j}}{\mathrm{d}t} + Q_z\frac{\mathrm{d}\boldsymbol{k}}{\mathrm{d}t} = \boldsymbol{\Omega}\times\boldsymbol{Q} \tag{10.30}$$

将方程（10.28）和方程（10.30）代入方程（10.29），可得到基本关系

$$(\dot{\boldsymbol{Q}})Oxyz = (\dot{\boldsymbol{Q}})Oxyz + \boldsymbol{\Omega}\times\boldsymbol{Q} \tag{10.31}$$

结果表明，向量 $\boldsymbol{Q}$ 相对于固定坐标系 $OXYZ$ 的变化率由两部分组成：第一部分表示 $\boldsymbol{Q}$ 相对

于旋转坐标系 $Oxyz$ 的变化速率；第二部分表示 $\boldsymbol{\Omega}\times\boldsymbol{Q}$ 是由坐标系 $Oxyz$ 的旋转引起的。

当向量 $\boldsymbol{Q}$ 沿旋转坐标系 $Oxyz$ 的分量定义时，方程（10.31）的使用简化了向量 $\boldsymbol{Q}$ 相当于固定参考系 $OXYZ$ 的变化率的确定，因为这个关系消除了对定义旋转坐标系方向的单位向量导数的单独计算需求。

请注意，方程（10.31）是一个基本而强大的关系，因为 $\boldsymbol{Q}$ 可以是我们希望的任何向量。

为简单起见，设 S 是固定坐标系 $OXYZ$，S'是旋转坐标系 $Oxyz$，$\boldsymbol{\omega}$ 是角速度 $\boldsymbol{\Omega}$，$\boldsymbol{r}$ 是相位向量 $\boldsymbol{Q}$，则方程（10.31）变为

$$\left(\frac{\mathrm{d}\boldsymbol{r}}{\mathrm{d}t}\right)_s=\left(\frac{\mathrm{d}\boldsymbol{r}}{\mathrm{d}t}\right)_{s'}+\boldsymbol{\omega}\times\boldsymbol{\gamma} \tag{10.32}$$

则 $\left(\frac{\mathrm{d}\boldsymbol{r}}{\mathrm{d}t}\right)_s$ 是在固定坐标系 S 中观察到真实速度 $\boldsymbol{v}$，而 $\left(\frac{\mathrm{d}\boldsymbol{r}}{\mathrm{d}t}\right)_{s'}$ 是在旋转坐标系 S'中观察到的视速度 $\boldsymbol{v}'$。因此，我们立即从公式（10.32）中得到

$$v=v'+\boldsymbol{\omega}\times\boldsymbol{\gamma} \tag{10.33}$$

接下来，在方程（10.32）中，我们将选择 $\boldsymbol{\gamma}$ 作为速度 $\boldsymbol{v}$，

$$\left(\frac{\mathrm{d}\boldsymbol{v}}{\mathrm{d}t}\right)_s=\left(\frac{\mathrm{d}\boldsymbol{v}}{\mathrm{d}t}\right)_{s'}+\boldsymbol{\omega}\times\boldsymbol{v} \tag{10.34}$$

现在 $\left(\frac{\mathrm{d}\boldsymbol{v}}{\mathrm{d}t}\right)_s$ 是在固定坐标系 S 中观察到的真正的加速度 $\boldsymbol{a}$。然而，量 $\left(\frac{\mathrm{d}\boldsymbol{v}}{\mathrm{d}t}\right)_{s'}$ 是一种混合体——它是在 S'中观察到的向量在 S 中的变化率。如果把 v 代入方程（10.33），即将方程（10.33）代入 $\left(\frac{\mathrm{d}\boldsymbol{v}}{\mathrm{d}t}\right)_s$，则有

$$\left(\frac{\mathrm{d}\boldsymbol{v}}{\mathrm{d}t}\right)_{s'}=\left[\frac{\mathrm{d}}{\mathrm{d}t}(\boldsymbol{v}'+\boldsymbol{\omega}\times\boldsymbol{\gamma})\right]_{s'}=\left(\frac{\mathrm{d}\boldsymbol{v}'}{\mathrm{d}t}\right)_{s'}+\boldsymbol{\omega}\times\left(\frac{\mathrm{d}\boldsymbol{r}}{\mathrm{d}t}\right)_{s'} \tag{10.35}$$

这个方程右边的两项现在非常容易理解；$\left(\frac{\mathrm{d}\boldsymbol{v}'}{\mathrm{d}t}\right)_{s'}$ 是在 S'中观察到的加速度 a'，$\left(\frac{\mathrm{d}\boldsymbol{r}}{\mathrm{d}t}\right)_{s'}$ 就是 $\boldsymbol{v}'$。因此，方程（10.34）变为

$$\left(\frac{\mathrm{d}\boldsymbol{v}}{\mathrm{d}t}\right)_s=\left(\frac{\mathrm{d}\boldsymbol{v}}{\mathrm{d}t}\right)_{s'}+\boldsymbol{\omega}\times\boldsymbol{v}=\left(\frac{\mathrm{d}\boldsymbol{v}'}{\mathrm{d}t}\right)_{s'}+\boldsymbol{\omega}\times\left(\frac{\mathrm{d}\boldsymbol{r}}{\mathrm{d}t}\right)_{s'}+\boldsymbol{\omega}\times\boldsymbol{v}=a'+\boldsymbol{\omega}\times\boldsymbol{v}'+\boldsymbol{\omega}\times\boldsymbol{v}$$

所以

$$a=\left(\frac{\mathrm{d}\boldsymbol{v}}{\mathrm{d}s}\right)_s=a'+\boldsymbol{\omega}\times\boldsymbol{v}'+\boldsymbol{\omega}\times\boldsymbol{v} \tag{10.36}$$

我们不需要把 $\boldsymbol{v}$ 和 $\boldsymbol{v}'$ 都放在等式右边，将再次用方程（10.33）替代 $\boldsymbol{v}$。这最终给出

$$a=a'+\boldsymbol{\omega}\times\boldsymbol{v}+\boldsymbol{\omega}\times(\boldsymbol{v}'+\boldsymbol{\omega}\times\boldsymbol{r})=a'+\boldsymbol{\omega}\times\boldsymbol{v}+\boldsymbol{\omega}\times\boldsymbol{v}'+\boldsymbol{\omega}\times(\boldsymbol{\omega}\times\boldsymbol{r})$$

所以

$$a=-a'+2\boldsymbol{\omega}\times\boldsymbol{v}'+\boldsymbol{\omega}\times(\boldsymbol{\omega}\times\boldsymbol{r})$$

关于最后一项，涉及三个向量的叉乘。根据向量代数的运算规则，先计算括号内的叉乘，然后进行其他的叉乘运算。对于由 $\boldsymbol{\omega}$ 和 $\boldsymbol{r}$ 形成的夹角不等于 0°或 180°的情况，都会产

生非零结果。将方程（10.35）乘以物体的质量 m，我们将左侧视为静止系统中物体上的合外力。

$$m\boldsymbol{a}=F_{\text{net}}=m\boldsymbol{a}'+2m(\boldsymbol{\omega}\times\boldsymbol{v}')+m[\boldsymbol{\omega}\times(\boldsymbol{\omega}\times\boldsymbol{r})] \tag{10.37}$$

在旋转参考系中，物体 m 具有加速度 $\boldsymbol{a}'$ 。

通过重新排列上述方程，可以在这个加速的参考系中呈现出牛顿第二定律的格式，从而可写成

$$\boldsymbol{F}'_{\text{net}}=m\boldsymbol{a}' \tag{10.38}$$

$$\boldsymbol{F}'_{\text{net}}=\boldsymbol{F}_{\text{net}}-2m(\boldsymbol{\omega}\times\boldsymbol{r})-m[\boldsymbol{\omega}\times(\boldsymbol{\omega}\times\boldsymbol{r})] \tag{10.39}$$

其中，$\boldsymbol{F}_{\text{net}}$ 为真实的力；$-2m(\boldsymbol{\omega}\times\boldsymbol{v}')$ 为科里奥利力；$-m[\boldsymbol{\omega}\times(\boldsymbol{\omega}\times\boldsymbol{r})]$ 为离心力。

这一结果由 G.G.科里奥利在 1835 年发表。加速度组成的理论是科里奥利对水车研究的产物。方程（10.39）的数学形式表明，科里奥利力和离心力都是在与 $\boldsymbol{\omega}$ 定义的旋转轴成直角的方向上。特别是离心力总是指向轴向外，如果考虑乘积 $-\boldsymbol{\omega}\times(\boldsymbol{\omega}\times\boldsymbol{r})$ 中涉及的矢量的几何关系，这一点很明显，图 10.13 表示离心力 $-\boldsymbol{\omega}\times(\boldsymbol{\omega}\times\boldsymbol{r})$ 涉及的向量之间的关系图。

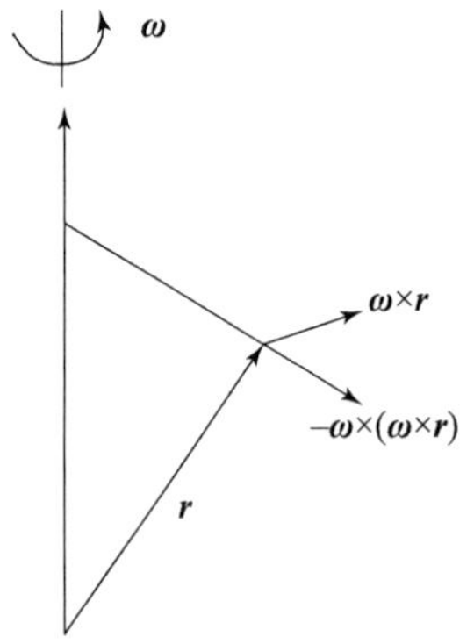

图 10.13　形成离心加速度所涉及的向量关系

该方程还表明，如果 $\boldsymbol{\omega}$ 的方向反转，科里奥利力将反转，但离心力的方向保持不变。总而言之，通过上述计算表明，在均匀旋转的参考系中观察到的运动动力学可以用以下三类力来分析：

“真实力”：F_{net}，这是物体上所有“真实”力的总和，如接触力、绳中的张力、重力、电力、磁力等。在静止的参考系中只能看到这些力。

科里奥利力：$-2m\boldsymbol{\omega}\times\boldsymbol{v}'$，科里奥利力是一种偏转力，总是与物质质量 m 的速度 $\boldsymbol{v}'$ 成直角。如果物体在旋转参考系中没有速度，则没有科里奥利力。这是一个在静止参考系中看不到的惯性力。请注意减号。

离心力：离心力仅与位置有关，并且始终指向径向向外。它是在静止参考系中看不到的惯性力。我们同样可以将其写为 $-m[\boldsymbol{\omega}\times(\boldsymbol{\omega}\times\boldsymbol{r})]$，并请注意减号。

下面介绍大气环流模式。

由于科里奥利效应，被径向向内朝向低压区域或向外远离高压区域驱动的气团也受到偏转力的作用。这导致大多数气旋在北半球沿逆时针方向旋转，在南半球则沿顺时针方向

旋转。这些旋转方向的起源如图 10.14 所示，显示了北半球运动的空气朝着低压区域移动。科里奥利力的水平分量使这些运动向右偏转。因此，当气团汇聚在低压区域的中心时，它们会产生逆时针的净旋转。对于在地球表面向北或向南移动的空气，科里奥利力是指向正东或正西，平行于地球表面。

图 10.14 为在科里奥利力作用下北半球形成气旋的过程。在赤道附近的地区，地表受到日光强烈的照射，导致热空气上升。在北半球，这导致较冷的空气向南移动，朝赤道方向。科里奥利力使移动的空气向右偏转，形成信风。这些风在北半球向西南提供微风，在南半球则向西北提供微风。请注意，由于 $\boldsymbol{\omega}$ 和空气表面 $\boldsymbol{v}$ 的方向，这种特殊效应不会在赤道发生。

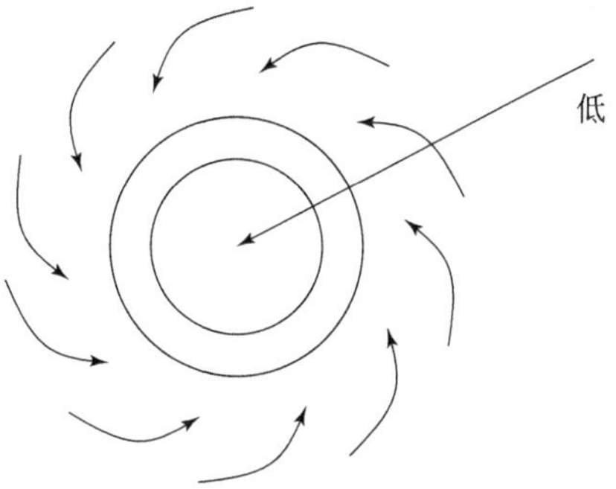

图 10.14　北半球形成气旋的过程

角速度矢量 $\boldsymbol{\omega}$ 表示地球绕其轴的自转，指向北。因此，在北半球，$\boldsymbol{\omega}$ 具有沿局部垂直方向的分量 $\boldsymbol{\omega}_z$。

如果在水平平面上（在地球表面的局部坐标系中）以速度 $\boldsymbol{v}_r$ 投射质点，那么科里奥利力 $-2m\boldsymbol{\omega}\times\boldsymbol{v}_r$ 在平面上具有一个量级为 $2m\boldsymbol{\omega}_z\times\boldsymbol{v}_r$ 的分量，指向运动的右侧，如图 10.15 所示，这导致运动方向的偏转。

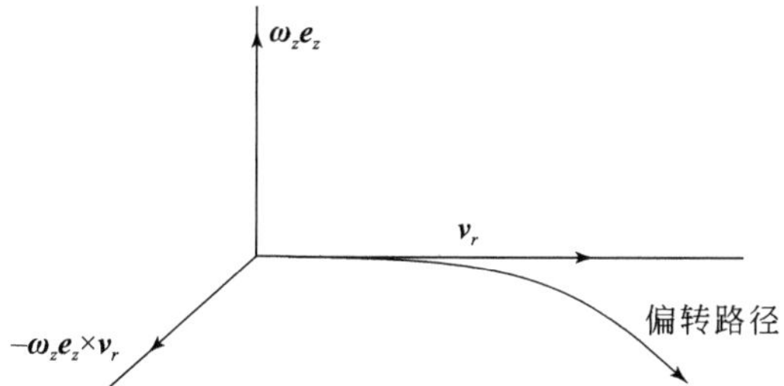

图 10.15　地球表面的局部坐标系下运动的偏转

在北半球，水平面上投射的质点将指向质点运动的右侧。在南半球，方向将指向左侧

由于科里奥利力水平分量的大小与 $\boldsymbol{\omega}$ 的垂直分量成正比，因此产生偏转的科里奥利力部分取决于纬度，即在北极时最大，在赤道为零。在南半球，分量 $\boldsymbol{\omega}_z$ 沿着局部垂直方向，因此所有偏转都与北半球的偏转方向相反。

例如，在第一次世界大战初期，离开福克兰群岛（也称马尔维纳斯群岛）附近的海战中，英国炮手惊讶地发现他们精准瞄准的齐射炮弹居然偏离了德国舰船左侧 100 码[①]的位置。瞄准机械的设计者充分了解科里奥利偏转，并仔细考虑了这一点，但似乎他们错误地认为所有海战都发生在北纬 50°附近，而不是南纬 50°附近。因此，英国的炮弹最终落在目标距离的两倍科里奥利偏转的位置。

基于上面对科里奥利力的讨论，关于潮汐，可以得出类似的结论。海洋潮汐的产生主要是月球引力的结果，次要的是太阳引力。然而，在本说明中引入的惯性力（即科里奥利力）的概念有助于更深入地分析这一现象。然而，当人们首次了解潮汐时，可能最让人困惑的特征之一是在地球表面的大多数地方，每天都会发生两次潮汐，而不仅仅是一次。

这对应于这样一个事实，即在任何时刻，地球周围海平面的一般分布都有两个凸起。在我们即将讨论的简单模型中，这些隆起将出现在地球表面距离月球最近和最远的地方，如图 10.16 所示。

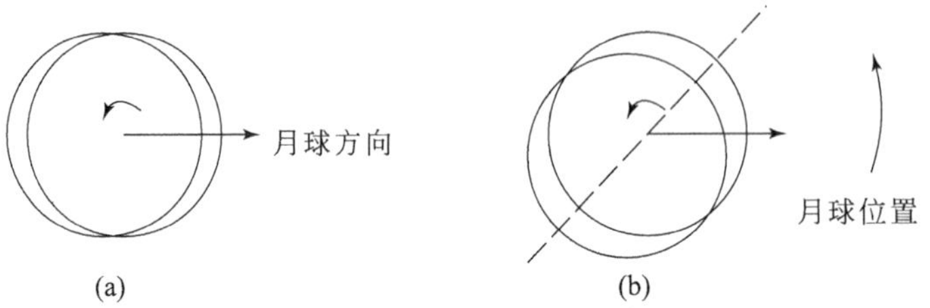

图 10.16　（a）如果地球的自转未改变，潮汐膨胀将呈现为双峰，凸起的大小被夸大得非常严重；（b）潮汐凸起的近似真实方向，由地球自转向东移动

在地球进行自转的 24h 内，潮汐凸起的位置几乎保持不变，由月球的几乎恒定位置定义。因此，如果可以想象地球完全被水包围，那么从固定在地球固体表面的点测得的水深度将在每个自转周期中经过两个最大值。通过考虑潮汐凸起由于与陆地和海底的摩擦而向东拖曳，使得它们相对于月球的平衡位置更接近图 10.16（b）所示位置，可以更好地近似实际情况。总结这些初步的讨论，值得指出的是，事实上，潮汐隆起也一直受到月球自身绕地球运动的缓慢向东推动。这种运动（相对于固定恒星每 27.3 天一个完整的轨道）导致在地球上的一个给定点经过连续的潮汐凸起需要超过 24h。

特别是，这使得在给定地点连续的潮汐凸起之间的理论时间间隔接近 12 小时 25 分钟，而不是精确的 12 小时。例如，如果一天下午 4 点观察到发生涨潮，那么第二天的对应涨潮预计发生在下午 4:50 左右。

10.3　基于地震波 AVO 响应预测寺河煤矿煤层含气量

煤层含气量是吨煤中所含有的全部瓦斯体积量。煤层含气量是计算瓦斯资源量的重要基础数据，对于煤矿井下抽采也具有重要的指导意义。

① 1 码（yd）=0.9144m。

针对目前地震勘探技术广泛应用于采区构造精细探查，尤其是地震资料具有在横向上高密度的特征，比如，寺河煤矿的三维地震网格一般为 10m×5m，与钻孔勘探网格 200m×200m 相比，提高了近 800 倍，因此，利用地震资料对煤层含气量进行预测，具有横向上高密度的特征，效果应该更好。利用地震资料预测煤层含气量，面临煤层含气量与地震属性之间的内在关系的问题。

目前认为地震属性中，振幅随着偏移距变化（AVO）的相关属性是表征油气富集的重要参数。以晋城矿区寺河煤矿西采区一块段 3#煤层为依托，从测井曲线的 AVO 响应特征入手，以此为依据对整个勘探区内的地震振幅进行校正，保持相对保幅特性，根据 AVO 原理计算 AVO 属性，建立煤层含气量与 AVO 属性之间的统计关系，对煤层含气量进行预测，试图探索一条预测煤层含气量的新途径。

10.3.1 AVO 属性的计算原理

通过对 Aki 和 Richards 近似进行重新组合，Shuey 得到一个随着入射角变化的近似线性公式：

$$R(\theta)\approx\frac{1}{2}\left(\frac{\Delta\alpha}{\alpha}+\frac{\Delta\rho}{\rho}\right)+\left(\frac{1}{2}\frac{\Delta\alpha}{\alpha}-4\frac{\beta^2}{\alpha^2}\frac{\Delta\beta}{\beta}-2\frac{\beta^2}{\alpha^2}\frac{\Delta\rho}{\rho}\right)\sin^2\theta+\frac{1}{2}\frac{\Delta\alpha}{\alpha}\left(\tan^2\theta-\sin^2\theta\right)$$

$$\approx\frac{1}{2}\left(\frac{\Delta V_{\mathrm{p}}}{V_{\mathrm{p}}}+\frac{\Delta\rho}{\rho}\right)+\left(\frac{1}{2}\frac{\Delta V_{\mathrm{p}}}{V_{\mathrm{p}}}-4\frac{V_{\mathrm{s}}^2}{V_{\mathrm{p}}^2}\frac{\Delta V_{\mathrm{s}}}{V_{\mathrm{s}}}-2\frac{V_{\mathrm{s}}^2}{V_{\mathrm{p}}^2}\frac{\Delta\rho}{\rho}\right)\sin^2\theta+\frac{1}{2}\frac{\Delta V_{\mathrm{p}}}{V_{\mathrm{p}}}\left(\tan^2\theta-\sin^2\theta\right)\tag{10.40}$$

可以表示成

$$R(\theta)\approx I+G\sin^2\theta+C\sin^2\theta\tan^2\theta$$

其中

$$I=\frac{1}{2}\left(\frac{\Delta V_{\mathrm{p}}}{V_{\mathrm{p}}}+\frac{\Delta\rho}{\rho}\right)\tag{10.41}$$

$$G=\frac{1}{2}\frac{\Delta V_{\mathrm{p}}}{V_{\mathrm{p}}}-2\frac{V_{\mathrm{s}}^2}{V_{\mathrm{p}}^2}\frac{\Delta\rho}{\rho}-4\frac{V_{\mathrm{s}}^2}{V_{\mathrm{p}}^2}\frac{\Delta V_{\mathrm{s}}}{V_{\mathrm{s}}}\tag{10.42}$$

$$C=\frac{1}{2}\frac{\Delta V_{\mathrm{p}}}{V_{\mathrm{p}}}\tag{10.43}$$

进行化简得到

$$I=\frac{1}{2}\left(\frac{\Delta V_{\mathrm{p}}}{V_{\mathrm{p}}}+\frac{\Delta\rho}{\rho}\right)=\frac{1}{2}\left(\frac{2V_{\mathrm{p2}}-V_{\mathrm{p1}}}{V_{\mathrm{p2}}+V_{\mathrm{p1}}}+\frac{2\rho_2-\rho_1}{\rho_2+\rho_1}\right)=\cdots=\frac{V_{\mathrm{p2}}\rho_2-V_{\mathrm{p1}}\rho_1}{V_{\mathrm{p2}}\rho_2+V_{\mathrm{p1}}\rho_1}\times\left(1-\frac{1}{4}\frac{\Delta V}{V}\frac{\Delta\rho}{\rho}\right)\tag{10.44}$$

$$G=\frac{1}{2}\frac{\Delta V_{\mathrm{p}}}{V_{\mathrm{p}}}-2\frac{V_{\mathrm{s}}^2}{V_{\mathrm{p}}^2}\frac{\Delta\rho}{\rho}-4\frac{V_{\mathrm{s}}^2}{V_{\mathrm{p}}^2}\frac{\Delta V_{\mathrm{s}}}{V_{\mathrm{s}}}=\cdots=-\frac{3-7\sigma}{2-2\sigma}\frac{\Delta V_{\mathrm{p}}}{V_{\mathrm{p}}}-\left(\frac{1-2\sigma}{1-\sigma}\right)\frac{\Delta\rho}{\rho}+\frac{\Delta\sigma}{(1-\sigma)^2}\tag{10.45}$$

$$C = \frac{1}{2}\frac{\Delta V_{\rm p}}{V_{\rm p}} \tag{10.46}$$

从上面的分析可以看出，该公式侧重通过泊松比而不是横波速度来表征 AVO 近似。

AVO 解释目的就是要把 AVO 属性与岩性信息联系起来，揭示 AVO 属性的地质意义。首先必须充分分析 AVO 属性的获取方法，得到每一种属性与地质参数的对应关系，最后结合研究地区的地质和地球物理特点，建立本区的地质异常 AVO 识别标志。AVO 主要属性如表 10.1 所述。

表 10.1　AVO 属性

AVO 属性	表示方式	物理意义
截距	A	地震波垂直入射时的反射系数
梯度	B	地震波反射系数变化梯度
伪泊松比	$A+B$	当 $v_{\rm p}/v_{\rm s}=2$ 时，表示泊松比大小
横波阻抗	$A-B$	当 $v_{\rm p}/v_{\rm s}=2$ 时，表示横波阻抗
流体因子	$\Delta F=\frac{\Delta v_{\rm p}}{v_{\rm p}}-b\frac{v_{\rm s}}{v_{\rm p}}\frac{\Delta v_{\rm s}}{v_{\rm s}}$	表征流体富集区
AVO 异常指示因子	$A\times B$	AVO 异常增强显示
极化产物（polarization product）	$M\times\Delta\phi$	
极化角差（polarization angle difference）	$\Delta\phi=\phi-\phi_{\rm trend}$	$\phi_{\rm trend}$ 是背景极化角

10.3.2　寺河煤矿含气量预测的 AVO 反演流程

煤层含气量的预测方法主要技术过程如下：

（1）进行测井数据分析，通过测井曲线归一化消除非地质因素的影响，通过横波速度的近似估计方法，生成伪横波测井曲线。

（2）利用叠前数据创建大道集，提高地震资料的信噪比，利用地震数据提取子波，校正地震与测井曲线之间时深对应关系。

（3）利用测井曲线创建 AVO 模型，并根据 Zoeppritz 方程计算理论的 AVO 曲线特征，从超道集中提取实际地震数据的 AVO 曲线，以理论的 AVO 曲线特征为标准，并与之进行对比，调整实际 AVO 曲线的响应特征。

（4）利用超道集数据计算得到 AVO 属性，并和煤层含气量进行线性相关性分析，选择最优的 AVO 属性，对整个采区内的煤层含气量进行预测。

实现这个过程的关键的就是能获得与地下实际情况比较符合的截距和梯度信息，为了实现这一目的，主要是通过对比测井的 AVO 响应与实际地震资料的响应是否一致。当测井资料比较可靠时，以测井资料为准，当实际地震资料的振幅信息比较可靠时，以实际地震资料为准。由于本次勘探区内的测井资料比较齐全，因此以测井资料为准，调整地震资料的振幅信息。

1. 横波速度近似

根据地震波传播原理可知，可以利用介质的纵波、横波、密度三个参数来计算截距和梯度。在晋城矿区内的寺河矿区已有测井资料中，只有纵波速度和密度资料，缺少横波资料，这里根据 Castagna 公式求取，公式表示如下：

$$V_s = 0.86V_p - 1.17 \tag{10.47}$$

式中，V_p 为纵波速度，单位为 km/s。

2. 实际井资料的 AVO 响应特征

在理论模型研究的基础上，寺河矿区选择西采区内的 115 井、1002 井、1005 井，以 3#煤层为目的层进行实际资料模拟计算，进一步分析煤层的 AVO 响应特征。

根据钻孔录井资料和测井曲线特征，对上述钻孔的煤层、顶底板岩性进行了总结，如表 10.2 所示，115 井、1002 井、1005 井处 3#煤的厚度分别为 7.06m、5.58m、5.40m；从煤层结构描述上看，1002 井、1005 井煤层结构多数是“黑色，条带状结构，条痕为黑色，阶梯状断口，具玻璃光泽，以亮煤为主，暗煤次之，亮光型，煤层结构简单，半坚硬，夹矸为泥岩”，说明该钻孔位置处煤体结构属于Ⅰ类（原生煤）或Ⅱ类（破碎煤），不属于Ⅲ类（构造煤）或Ⅳ类（软分层）。其中 115 井描述中出现：“中下部煤质较软，煤芯破碎”，从 115 井测井资料上看，在 3#煤中部，声波时差为一个高值，密度为一个低值，符合构造煤的特征，认为构造煤发育。煤体结构属于Ⅲ类（构造煤）或Ⅳ类（软分层）。115 井的直接顶板岩性为 2.25m 的粉砂岩，直接底板是 1.02m 的粉砂岩；1002 井的直接顶板岩性为 2.49m 的泥质粉砂岩，直接底板是 1.38m 的细粒砂岩；1005 井的直接顶板岩性为 0.6m 的炭质泥岩，直接底板是 1.05m 的粉砂岩。

表 10.2　寺河矿 115 井、1002 井、1005 井 3#煤层煤体结构、顶底板岩性特征统计表

井位编号	115 井	1002 井	1005 井
10m 内顶板岩性描述	细砂岩、中砂岩、粉砂岩	粉砂岩、细粒砂岩、泥质粉砂岩	细粒砂岩、粉砂质细粒砂岩、炭质泥岩
直接顶板岩性和厚度	粉砂岩，2.25m	泥质粉砂岩，2.49m	炭质泥岩，0.6m
3#煤（煤总厚度） 夹矸（总厚度） 煤体结构描述	3#煤层，黑色，上部煤质较好，岩芯完整，中下部煤质较软，煤芯破碎，以镜煤为主，煤中有薄层夹矸(321.50~321.70)，煤厚 7.06m	黑色，厚层状，具玻璃光泽。以亮煤为主，镜煤次之，半亮型，夹矸为泥岩，采长 5.58=0.65（0.13）4.17（0.08）0.82，煤层结构为 1.20（0.13）4.17（0.08）0.82	黑色，具似金属光泽，以亮煤为主，暗煤次之，半亮型，煤层结构中等，坚硬。夹矸为炭质泥岩，采长：5.40=4.20(0.05)0.20(0.15)0.20(0.03)0.57，结构：4.25（0.05）0.20（0.15）0.20（0.30）0.67m
直接底板岩性描述	粉砂岩，1.02m	细粒砂岩，1.38m	粉砂岩，1.05m
10m 内底板岩性描述	细砂岩、粉砂岩	中粒砂岩、粉砂岩、细粒砂岩	粉砂质泥岩、细粒砂岩、粉砂岩

利用测井曲线中的声波速度、横波速度、密度，根据 Shuey 公式，可以计算得到这些井的理论 AVO 曲线，从图 10.17 中可以看出，AVO 曲线表现为：煤层顶底界面反射振幅的绝对值都是随着炮检距（或入射角）的增大而减小的。

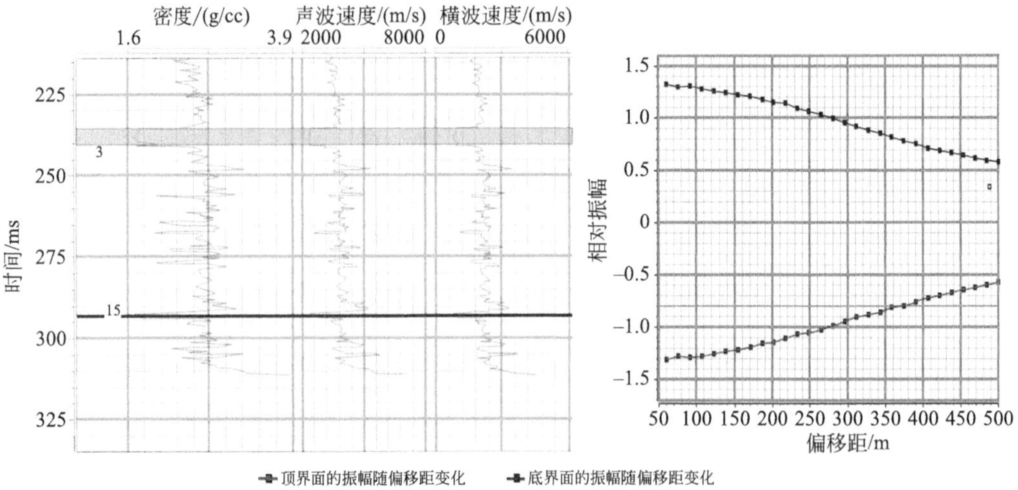

图 10.17　寺河矿 1002 井的测井曲线和 AVO 曲线特征

3. 速度场建立及角道集的生成

求解 AVO 的截距和梯度等相关信息，需要知道入射角、透射角，根据斯涅尔定律可知，这些信息可根据层速度求取，层速度主要来自速度场的建立，建立方法主要有两种：一是根据处理的均方根速度，转换成层速度得到（图 10.18）；二是根据测井的速度信息建立速度场（图 10.19）。

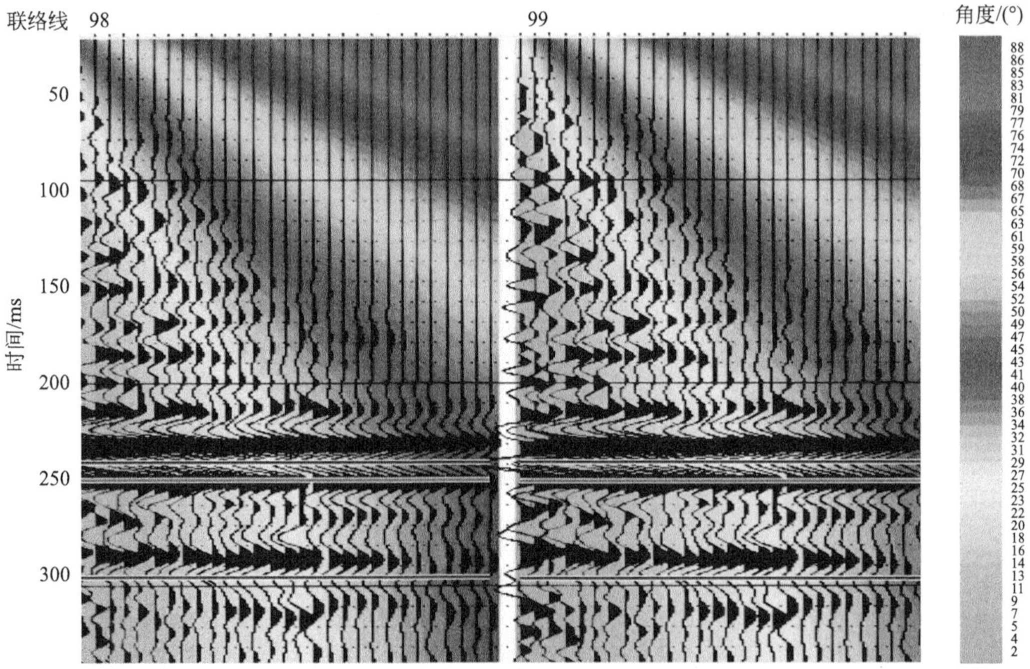

图 10.18　速度场建立及角道集生成图

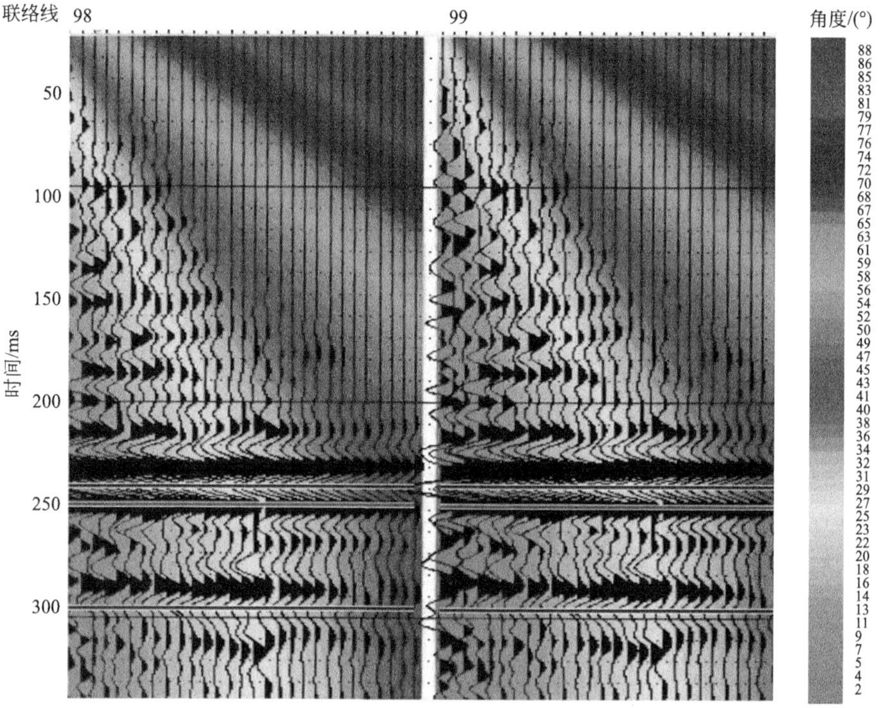

图 10.19　测井速度生成的入射角信息

寺河矿的研究表明，通过测井资料建立的速度场精度和效果比较好，主要是由于测井资料在横向上具有较高的分辨率，因此与地下介质的情况更为吻合。根据建立的速度场进行角度集的生成，由寺河矿的资料分析可以知道，本次勘探区内的入射角主要是 0°～40°，在局部变观的区域能达到 45°。

大道集及保幅处理：提供地震资料，在 10m×5m 面内的覆盖次数为 12 次，对于叠前地震数据来说，往往不能满足统计性分析的需要，因此需要进行大面元分析，形成大道集，从而提高资料的信噪比。本次反演使用的大道集为 20×20，经过这样的处理后，覆盖次数大概为 12×8=96 次，能很明显地看到，在大道集上，振幅随着偏移距具有明显的变化规律（图 10.20～图 10.23）。

由于地震在地下传播的过程中，振幅受到介质吸收、球面扩散等多种因素的影响，因此还需要通过一定的保幅处理，恢复地震资料的相对保幅特征。保幅处理是否合适，主要是选取井附近的地震资料，分析其振幅随着偏移距变化情况，然后与井资料的振幅随偏移距变化情况进行对比，看两者之间是否具有一致性，如果实际地震资料的 AVO 现象与井资料差别比较大，则需要进一步进行地震资料的保幅处理。

4. 截距梯度属性

根据含煤地层物性特征及地震波传播原理可知，煤层顶板反射系数为一个负值（负截距），随着偏移距增加，反射系数的绝对值逐渐减小（正梯度）。对于煤层的底板，反射系数为一个正值（正截距），随着偏移距增加，反射系数减小（负梯度）。我们可以看到，利用测井资料得到的 AVO 现象非常符合这一个特征，如图 10.24 所示。这说明以测井资料为

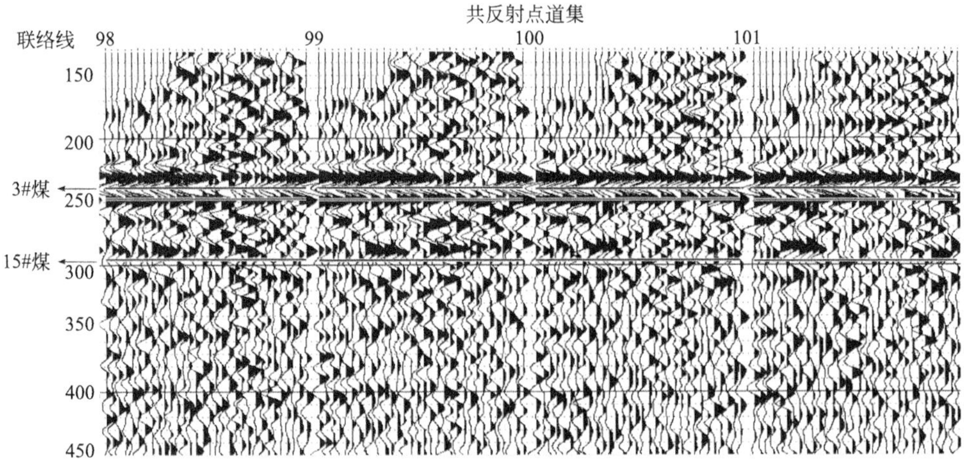

图 10.20　振幅随着偏移距变化规律图

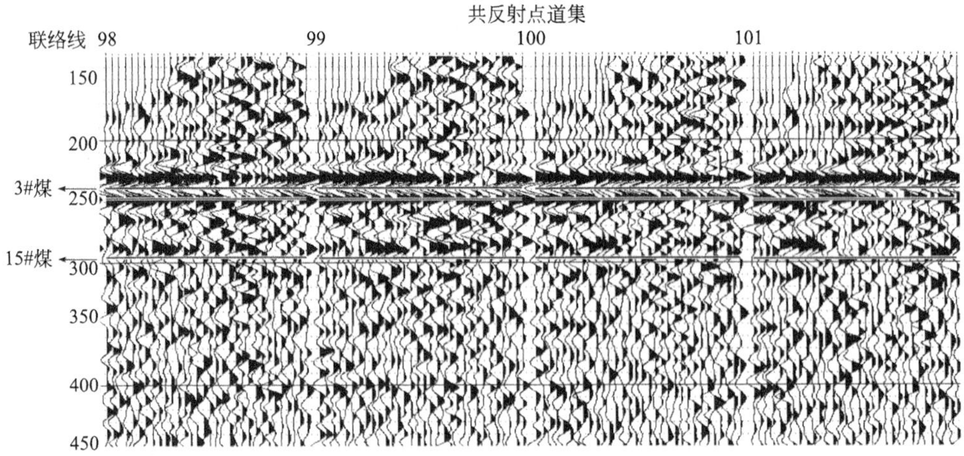

图 10.21　寺河矿 10m×5m 网格共中心点道集

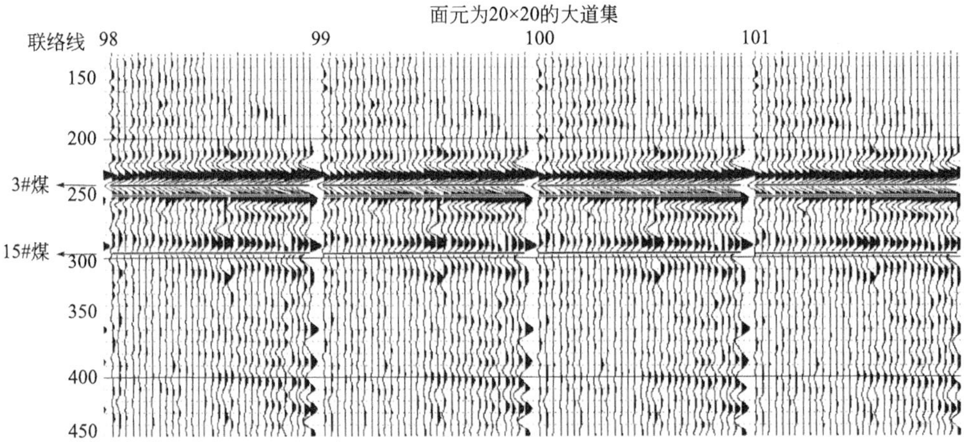

图 10.22　寺河矿 20m×20m 网格共中心点道集

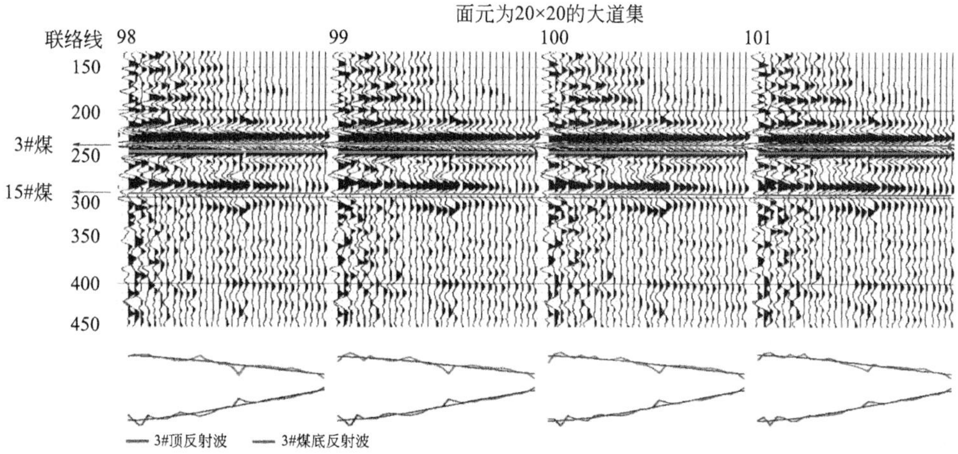

图 10.23　寺河矿 20m×20m 网格共中心点道集（经过振幅保幅处理）

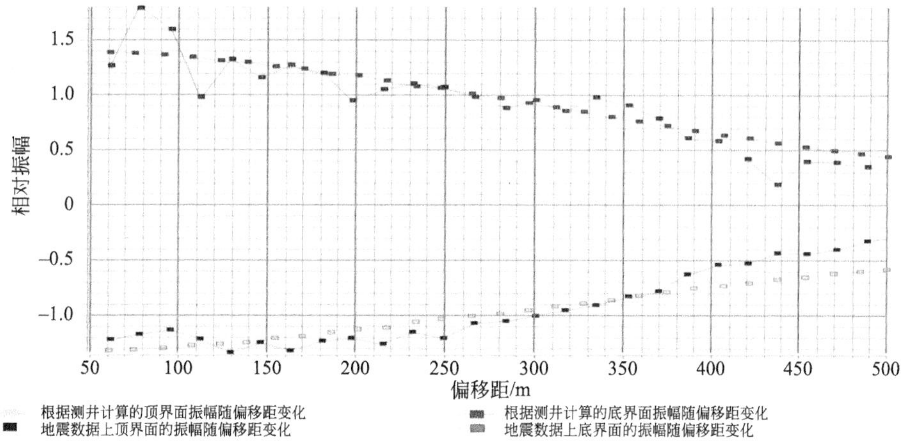

图 10.24　寺河矿 1005 井 AVO 曲线与实际 AVO 曲线的对比

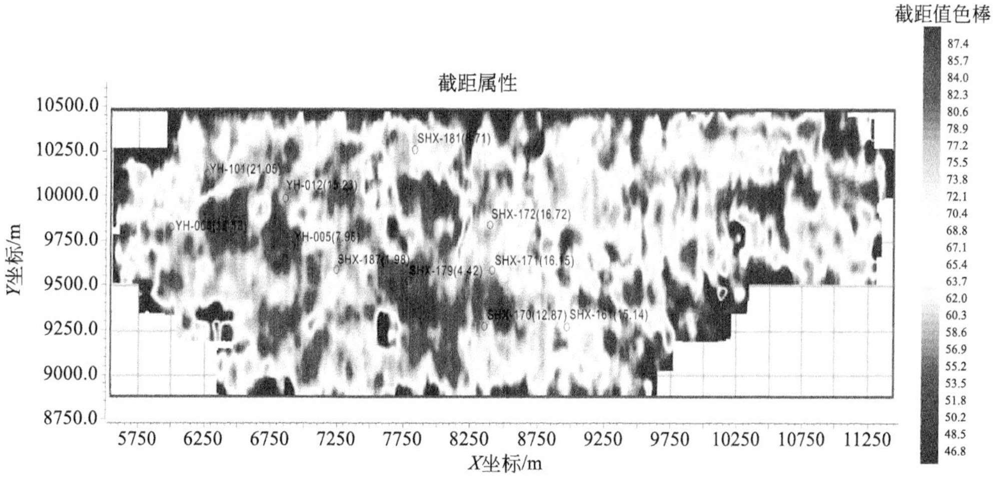

图 10.25　寺河矿西采区 3#煤层截距属性分布

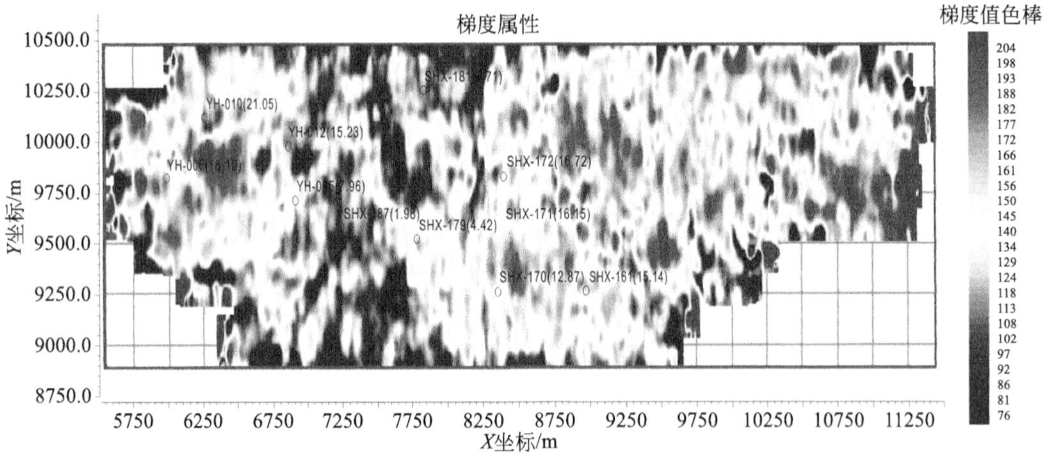

图 10.26　寺河矿西采区 3#煤层梯度属性

标准，分析 AVO 现象是一种较为可靠的方法。由于煤层及其围岩的物性特征，AVO 现象还表现出一定的截距、梯度大小变化。如果地震资料上的 AVO 现象与测井资料上的 AVO 现象具有较好的一致性，表明地震资料的保幅处理比较合理，如果两者具有较大的差别，说明保幅处理需要进一步改进。

10.3.3　寺河煤矿煤层含气量预测成果

对叠前地震数据进行反演后，首先得到了截距（表示为 A，如图 10.28 所示）和梯度属性（表示为 B，如图 10.27 所示），对这些属性根据表 10.2 进行计算，进一步得到相关的 AVO 属性，对含气量与各个属性的关系进行分析，如表 10.3 所示，结果表明截距、梯度、极化角等属性与含气量具有较好的关系，大部分都在 0.5 以上，如图 10.27～图 10.29 所示，极化产物属性的相关性最好，结果能达到−0.8136，因此，在属性的分析结果中，选取极化产物属性对勘探区内含气量进行预测，通过克里金内插方法，最终得到勘探区内的含气量分布（图 10.30）。

表 10.3　寺河矿西采区 AVO 属性与含气量之间的线性相关性

AVO 属性	相关系数
极化产物（polarization product）	−0.8136
极化角差	−0.7004
AVO 异常指示因子（$A\sin B$）	−0.5773
截距（A）	0.5773
横波阻抗（$A+B$）	−0.5317
伪泊松比（$A-B$）	0.5128
极化系数平方（polarization coefficient squared）	0.5118
AVO 异常指示因子（$B\sin A$）	0.4690
梯度（B）	0.4690
AVO 异常指示因子（$A\times B$）	0.3526
极化量（polarization magnitude）	0.308
3#煤底板双程时	−0.421167
3#煤顶板双程时	0.359719

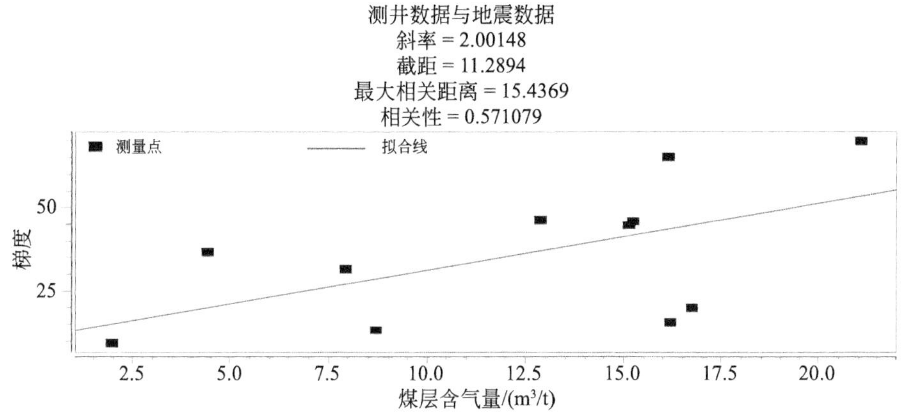

图 10.27　寺河矿西采区煤层含气量与梯度属性的关系

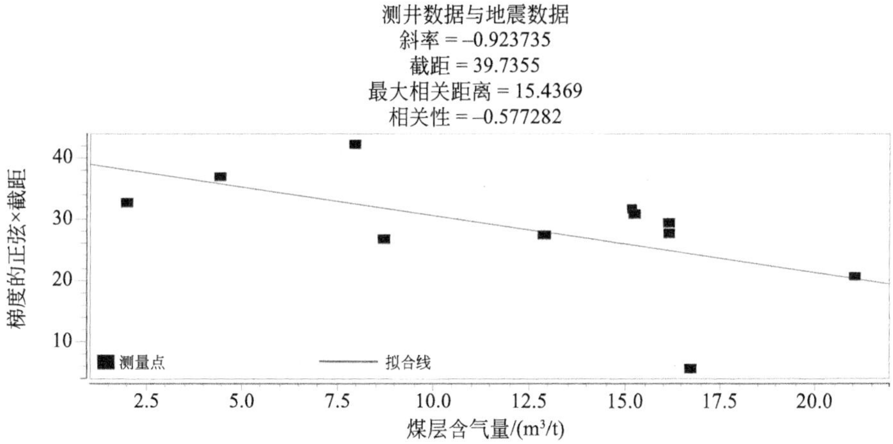

图 10.28　寺河矿西采区煤层含气量、梯度正弦乘截距（$A\sin B$）属性的关系

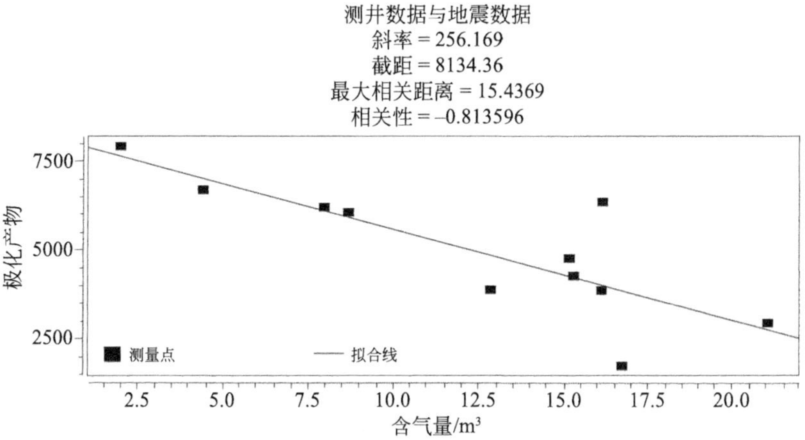

图 10.29　寺河矿西采区煤层含气量与极化产物属性的关系

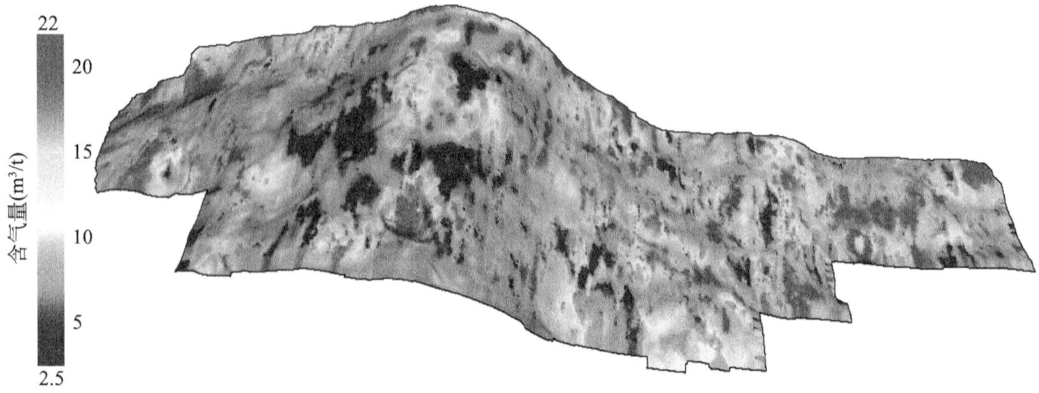

图 10.30　寺河矿西采区 3# 煤层吨煤含气量分布

为了检查预测的效果，分别取每一口已知井为未知井。通过钻孔预测和 AVO 属性的预测结果如表 10.4 所示，从表中可以看到，通过钻孔预测的含气量平均误差在 23.3%，通过 AVO 属性预测的煤层含气量平均误差在 15% 以内，从而提高了预测能力和精度。

表 10.4　寺河矿西采区含气量预测效果对比表

井名	含气量	钻孔预测含气量	钻孔预测误差	AVO 预测含气量	AVO 空缺预测含气量误差	AVO 属性空缺预测的含气量误差百分比
	m^3/t	m^3/t	%	m^3/t	m^3/t	%
YH-010	21.05	18.09	14.06	20.51	19.45	7.60
YH-006	16.13	22.65	40.42	15.75	14.58	9.61
YH-012	15.23	11.59	23.90	14.88	13.52	11.21
YH-005	7.96	9.25	16.21	7.90	7.70	3.28
SHX-187	1.98	3.23	63.13	2.51	1.88	5.16
SHX-179	4.42	5.35	21.04	4.43	2.87	35.07
SHX-181	8.71	10.67	22.50	8.68	4.25	51.17
SHX-170	12.87	13.8	7.23	12.81	11.22	12.82
SHX-171	16.15	15.35	4.95	16.06	15.97	1.13
SHX-172	16.72	16.28	2.63	17.07	14.90	10.92
SHX-161	15.14	21.23	40.22	14.66	13.45	11.19
平均值	12.40	13.41	23.30	12.30	10.89	14.47

第11章 结　　语

波动是一种在物理学各个领域都普遍存在的基本现象。它以各种形式出现，如水波、声波、光波、无线电波和其他电磁波。在微观质点层面，描述原子和亚原子质点力学的一种形式被称为波动力学，通常被称为物质波。

在这些介绍中，我们的关注点集中在可变形或弹性介质中传播的波上。这些波，以空气中的普通声波为例，被称为机械波。它们起源于弹性介质的某个部分，从其平衡位置发生位移，导致围绕一个平衡点的振荡。由于相邻层上的弹性力，扰动通过介质从一层传递到下一层。介质本身并不作为一个整体移动；相反，各个部分在有限的路径中振荡。例如，在水中的面波中，像软木塞这样的小浮动物体，表明水分子的实际运动是椭圆形的，略微上下和来回移动。然而，水波会沿水面稳定地移动。当它们到达浮动的物体时，它们会使物体运动，从而将能量传递给它们。

波中的能量以动能和势能的形式存在，它的传递是通过从物质的一部分传递到另一部分来实现的，并不是通过物质本身的远程运动实现。因此，机械波的特征是通过物质中的扰动运动来传递能量，而物质本身没有任何相应的整体运动。机械波的传播需要物质介质。然而，传输电磁波则不需要这样的介质。例如，来自恒星的光穿过近乎真空的空间到达我们这里。

在以水波、光波和声波作为波的例子时，可以根据它们的广泛物理属性对波进行分类。波还可以通过其他方式进行分类。

通过考虑物质质点的运动与波的传播方向之间的关系来区分不同类型的波。如果传递波的物质质点运动与波本身的传播方向垂直，那么我们就有一种横波。例如，当受张力的垂直绳的一端来回振荡时，一种横波沿绳传播；扰动沿绳移动，但绳上质点沿扰动的传播方向振动，如图 11.1（a）所示。虽然光波确实不是机械的，但它们仍然是横向的。正如物质质点在某些机械波中垂直于传播方向移动一样，电场和磁场也垂直于光波的传播方向。如果传递机械波的质点沿传播方向来回运动，那么我们就有一种纵波。例如，当一根受张力的垂直绳的一端上下摆动时，就会产生一种纵波。纵波沿着绳传播，线圈沿着扰动沿绳传播的方向来回振动，如图 11.1（b）所示。在气体中的声波是纵波。

有些波既不是纯粹的纵向的，也不是纯粹的横向的。例如，在水面上的波浪中，水质点上下和来回移动，随着水波的移动而追踪椭圆路径。波还可以根据它们传播能量的维度数分为一维、二维和三维波。图 11.1 中沿着绳或弹簧移动的波是一维的。水面上的波纹，是由将小石子投入宁静的池塘引起的，是二维的。从小光源辐射出来的声波和光波是三维的。可以根据物质质点在波传播过程中的行为对波的传播进行进一步分类。

如图 11.1（a）所示，在横波上，介质（弦）的质点振动与波本身传播的方向成直角。如图 11.1（b）所示，在纵波上，介质（弹簧）的质点振动与波本身传播的方向相同。在图 11.1（a）和（b）中，假设波的所有能量都被底部的装置吸收，因此我们不必担心波会反射回弦或弹簧。

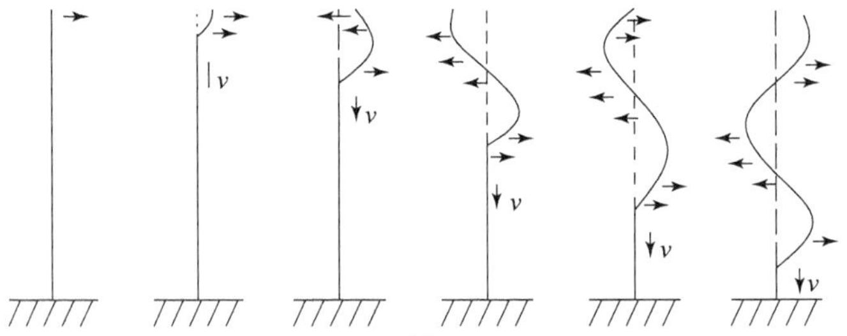
(a)

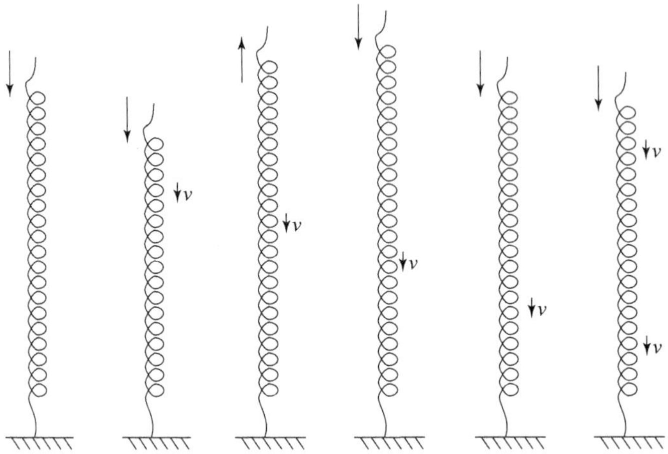
(b)

图 11.1　波传播方向与质点振动方向的示意图

例如，通过在拉紧的绳子末端施加横向运动来产生沿着绳子传播的脉冲波。最初，每个质点保持静止，等待脉冲的到来。当脉冲到达每个质点时，它会引发短暂的移动，然后质点再次保持静止状态。

如果我们继续如图 11.1(a)所示来回摆动绳索的末端，将产生沿绳索传播的一系列波。当运动是周期性的，它会产生一个周期性的波浪序列，其中绳索的每个质点都会经历重复的运动。周期波的最简单特例是简谐波，它使每个质点都产生简谐运动。

考虑一个三维脉冲，在给定时刻把所有经历类似扰动的点绘制成一个表面。随着时间的推移，这个表面移动显示出脉冲的传播。类似的表面可以用来绘制后续脉冲。对于周期波，我们可以推广这个概念，通过绘制表面，其中所有点都处于相同的运动阶段。这些表面被称为波前。如果介质是均匀和各向同性的，传播方向始终与波前成直角。一条垂直于波前的直线，用于表示波的传播方向，称为射线。波前可以呈现多种形状。当扰动沿单一方向传播时，这些波被称为平面波。

在任何给定时刻，沿传播方向垂直的平面上的条件是均匀的。波前呈现为平面，射线是平行的直线，如图 11.2 所示。

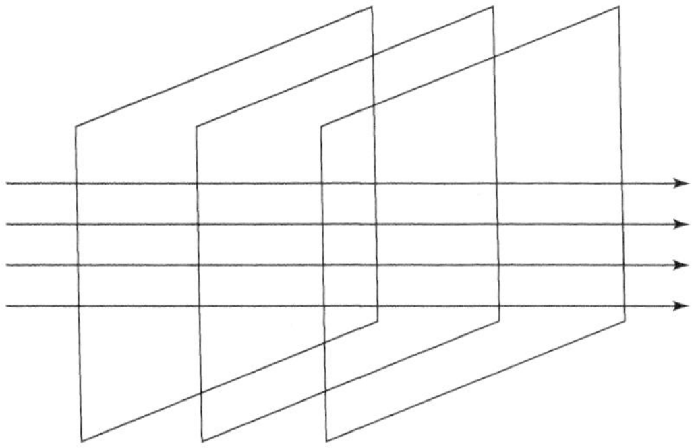

图 11.2　一个平面波示意图

平面表示相隔一个波长的波前，箭头表示射线。当扰动通过介质传播时，它以动能和势能的形式携带大量的能量。能量可以通过波动传输到相当长的距离。能量的传输是通过将运动从一个质点传递到下一个质点实现的，而不是通过整个介质的任何持续的整体运动。

机械波的特征在于通过质点围绕平衡位置的运动传输能量。因此，介质的整体运动，比如在流体中发生的湍流，不属于波动。变形性和惯性是介质传播机械波运动的关键特性。如果介质不可变形，那么在施加局部激励时，介质的任何部分都会立即受到内部力或加速度的干扰。同样地，如果一个假设的介质没有惯性，质点的位移就不会延迟，扰动从一个质点传递到另一个质点将立即影响到最远处的质点，毫无延迟。经过分析可以得知，机械扰动的传播速度总是以定义介质抗变形参数与定义介质惯性参数之比的平方根的形式出现。介质的惯性首先为运动提供阻力，但一旦介质处于运动状态，惯性与介质的弹性相结合往往会维持运动。当一段时间后，外部施加的激振变得静止时，介质的运动最终会因摩擦损失而减弱，达到一个静态变形的状态。

动态效应的重要性取决于两个特征时间的相对大小：表征干扰外部应用的时间和干扰在整个体内传播的特征时间。通过引入连续介质或连续介质的概念，可以使与物质运动和变形相关的问题更容易进行数学分析。

在理想化中，假设在非常小的单元上平均的性质，如平均应力密度、平均位移和平均相互作用力等，随介质中的位置连续变化。因此，将质量密度、位移和应力描述为位置和时间的函数。尽管真实材料的微观结构可能与连续体概念不完全一致，但理想化产生了非常有用的结果。这是因为大多数材料的微观结构的长度通常比介质变形中涉及的任何长度都要小得多。即使在某些特殊情况下，微观结构引起显著现象，这些现象也可以通过在连续体理论框架内进行适当的概括来考虑。

在连续体概念的框架内对介质中的扰动进行分析属于经过时间验证的连续介质力学学科。在实现确定由外部激励引起的运动和变形的传统目标时，分析经过两个主要阶段。在第一阶段，将物体理想化为一个连续的介质，并通过引入适当的数学抽象以数学术语描述物理现象。完成这一阶段将得到一个带有边界和初始条件的偏微分方程组。在第二阶段，应用数学技术被用来寻找控制偏微分方程组的解，并获得所需的物理信息。通常目标是获得一些场变量在位置和时间以及几何和材料参数方面的解析表达式。

连续介质力学是一个经典课题，在多个专著中得到了广泛的讨论。连续介质理论的建立基于质量守恒、线动量、角动量和能量守恒以及本构关系。本构关系表征材料的力学和热响应，而基本守恒定律抽象出所有力学现象的共同特征，而不考虑本构关系。

控制弹性体三维运动的一般方程组是强非线性的。因此，很少有重要的波传播问题可以在这个一般方程组的基础上解析求解。幸运的是，根据广泛的经验，许多固体中波的传播效应可以通过线性化理论充分描述。

习　　题

简答题

1. 什么材料是均质材料？什么材料是各向同性材料？是否存在非均质和各向异性的材料？如果有，请举例说明。

2. 在弹性力学理论中，我们建立了场方程，即平衡方程、胡克定律、应变-位移方程和相容性条件，为了求解这些偏微分方程，我们需要边界条件。请举例说明什么是边界条件。

3. 写出关于纵波和横波的波动方程数学表达式。

4. 当存在自由边界时，边界附近会出现“面波”，什么是瑞利面波？

5. 请利用下图来解释入射纵波在平面界面上的反射和折射现象。

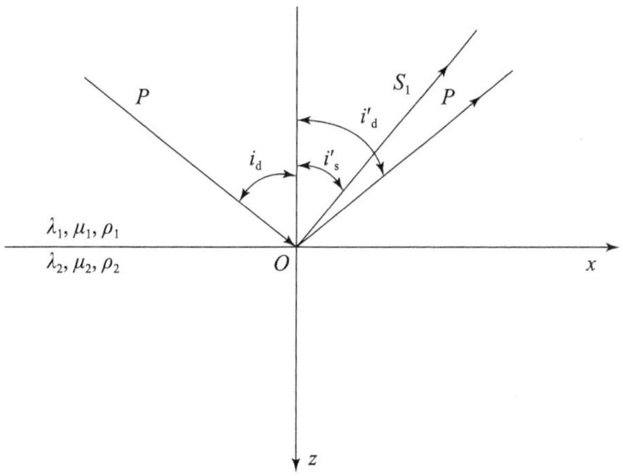

简答题 5 图

6. 霍普金森在他的著名实验中得到了一个引人瞩目的结果，这个结果是什么？

7. 给出纵波、横波、SH 波，SV 波的定义。

8. 给出勒夫波的定义。

9. 什么是频散、相速度、群速度？

10. 连续体运动，从材料角度和空间角度进行描述，有何区别？

11. 定义一个向量和张量。

12. 什么是多普勒效应？

13. 什么是科里奥利力？请给出一个科里奥利效应的物理实例。

判断题

1. 在地震中，膨胀波和剪切波两种波均以不同的速度在地球中传播。（正确）（错误）

2. 如果波是正弦形式，我们可以看到，在给定点，最大剪切应变（即最大变形）和波速度的绝对值最大值是同时发生的。（正确）（错误）

3. 我们将弹性均质材料定义为：材料在其内部具有不同的物理特性。（正确）（错误）

4. 实验表明，轴向伸长总是伴随着横向收缩，并且在弹性极限内，单位横向收缩与单位轴向伸长的比值对于某种材料是恒定的。这个常数称为泊松比。（正确）（错误）

5. 为了完全定义受力物体的应力场，必须满足平衡方程。可以看出，仅有六个方程用来确定三个未知量。（正确）（错误）

6. 我们有六个应变-位移方程和三个位移未知量，因此通常不能得到单值解。（正确）（错误）

7. 我们了解固体或流体表面上的力、速度或位移，并探究物体内部发生的情况。为了解决此类问题，我们将已知的外部条件以边界条件的形式表示，然后使用微分方程（即场方程）将信息扩展到物体内部。（正确）（错误）

8. 在研究弹性动力学问题时，运动方程必须由平衡方程代替。（正确）（错误）

9. 在材料描述中，每个质点通过其在某一时刻的坐标来标识。然而，这在研究流体力学时并不方便，因为在某个位置进行测量更容易并且直接与结果相关。因此，在流体力学问题中我们使用空间描述。（正确）（错误）

10. 如果弹性介质中的某一点产生扰动，波会从该点向各个方向辐射。然而，在远离扰动中心的地方，这些波可以被视为平面波，并且可以假定所有质点的运动方向平行于波的传播方向。（正确）（错误）

11. 在纵波中，质点的运动方向与波传播方向垂直；在横波中，质点的运动方向与波传播方向平行。（正确）（错误）

12. 我们采用一种简单的近似理论研究均匀杆中的纵波，发现杆的速度比膨胀平面波的传播速度更快。（正确）（错误）

13. 在研究波的传播时，我们发现动能与势能在任何时刻是相等的。（正确）（错误）

14. 如果在均匀杆的左端突然施加一个均匀分布的压缩应力，则杆的速度与杆内质点的速度相同。（正确）（错误）

15. 地震波是典型的瑞利表面波。（正确）（错误）

16. 勒夫波也是表面波。（正确）（错误）

17. 膨胀波和剪切波都可以在固体介质中传播。研究发现，当任意一种波在两种介质的界面上发生入射时，都会发生反射和折射。（正确）（错误）

18. 霍普金森的实验表明，为了折断钢丝，所需的最小重量下落高度几乎与重量的大小无关。（正确）（错误）

19. 在研究均匀杆中纵波的基础理论时，偏微分方程被转化为常微分方程。（正确）（错误）

20. 我们使用线性偏微分方程来研究固体中弹性应力波的问题。（正确）（错误）

参考文献

Achenbach J. 2012. Wave Propagation in Elastic Solids. North-Holland：Elsevier.

Beer F，Johnston E，Mazurek D. 1977. Vector mechanics for engineers.（Vol. 4）. New York：McGraw-Hill.

Carrier G F，Krook M，Pearson C E. 2005. Functions of a Complex Variable：Theory and technique. Philadelphia：Society for Industrial and Applied Mathematics.

Defant A. 1958. Ebb and flow of the sea，the atmosphere，and the earth. Universitas，2（1）：191.

Elmore W C，Heald M A.1985. Physics of Waves. North Chelmsford：Courier Corporation.

French A P. 2017. Vibrations and Waves. Boca Raton：CRC Press.

Fung Y C. 1965. Foundations of Solid Mechanics. Englewood Cliffs：Prentice-Hall，INC.

Fung Y C. 1977. A first course in Continuum Mechanics. Englewood Cliffs：Prentice-Hall，INC.

Halliday D，Resnick R，Walker J. 2013. Fundamentals of Physics. Hoboken：John Wiley & Sons.

Huygens C. 1962. Treatise on Light. Silvanus P Thompson rendered into English. New York：Dover Publications.

Knott C G. 1899. The propagation of earthquake vibrations through the earth. Proceedings of the Royal Society of Edinburgh，22：573-585.

Knowles J K. 1966. A note on elastic surface waves. Journal of Geophysical Research，71（22）：5480-5481.

Kolsky H. 1963. Stress Waves in Solids. North Chelmsford：Courier Corporation.

Love A E H. 1911.Chapter 11 Theory of the propagation of seismic waves. Some Problems of Geodynamics，144-178.

Love A E H. 2013. A treatise on the Mathematical Theory of Elasticity. Cambridge：Cambridge University Press.

MacElwane J B. 1936. Problems and progress on the geologico-seismological frontier. Science，83（2148）：193-198.

Prager W. 2004. Introduction to Mechanics of Continua. North Chelmsford，Massachusetts：Courier Corporation.

Read P L.1988. The dynamics of rotating fluids：The《philosophy》of laboratory experiments and studies of the atmospheric general circulation. Meteorological Magazine，117（1387）：35-45.

Sohon F W. 1936. Minutes of the meeting of the Seismological Society of America，St. Louis，Missouri，December 30 and 31，1936：288.

Stoneley R. 1924. Elastic waves at the surface of separation of two solids. Proceedings of the Royal Society of London. Series A，Containing Papers of a Mathematical and Physical Character，106（738）：416-428.

Taylor G I. 1946. The testing of materials at high rates of loading. J. Inst. Civil Eng，26（8）：487-501.

Timoshenko S P，Gere J M. 2012. Theory of elastic stability. North Chelmsford：Courier Corporation.

Wilson H A .1962. Sonic boom. Scientific American，206（1）：36-43.

Zoeppritz K. 1919. Erdbebenwellen VIII B，Uber reflexion und durchgang seismischer wellen durch unstetigkeisflachen. Gottinger Nachr，1：66-84.

附　　录

1. 泰勒定理

泰勒定理是数学分析中的一个重要定理，它提供了一个将函数展开成幂级数的方法。如果函数在某点的泰勒级数收敛，则该级数可以用来近似该函数在该点附近的取值。具体表示如下：

如果 f 及其第一个 n 导数 f'，f''，…，$f^{(n)}$ 在 $[a,b]$ 或 $[b,a]$ 上是连续的，并且 $f^{(n)}$ 在 (a,b) 或 (b,a) 上可微分，因此在 a 和 b 之间存在一个数 c，使得

$$f(b)=f(a)+f'(a)(b-a)+\frac{f''(a)}{2!}(b-a)^2+\cdots+\frac{f^{(n)}(a)}{n!}(b-a)^n+\frac{f^{(n+1)}(c)}{(n+1)!}(b-a)^{n+1} \tag{1}$$

泰勒定理是均值定理的推广。

2. 均值定理

假设 $y=f(x)$ 在闭区间 $[a,b]$ 上是连续的，在区间的内部 (a,b) 上是可微的，那么 (a,b) 中至少有一个点 c，则

$$\frac{f(b)-f(a)}{b-a}=f'(c) \tag{2}$$

3. 高斯定理

高斯定理，也称为高斯通量理论或高斯散度定理，是矢量分析中的重要定理之一。它表明，矢量场通过任意闭合曲面的通量（面积分）等于该矢量场的散度在闭合曲面所包围体积内的积分（体积分）。如果通量恒为零，则矢量场是无源场，亦称无散场；如果通量可以不为零，则矢量场是有源场，亦称有散场。三重积分（在体积积分中）可以转换为空间区域边界曲面上的曲面积分，反之亦然。这在实际中很重要，因为两种积分中的一种通常比另一种更简单。它还有助于建立流体流动、热传导等的基本方程。这个转换是通过散度定理完成的，其中涉及一个矢量函数的散度。

$$\begin{gathered}\boldsymbol{F}=F_1\boldsymbol{i}+F_2\boldsymbol{j}+F_3\boldsymbol{k}\\ \mathrm{Div}\,\boldsymbol{F}=\nabla\cdot\boldsymbol{F}\\ \mathrm{Div}\,\boldsymbol{F}=\frac{\partial F_1}{\partial x}+\frac{\partial F_2}{\partial y}+\frac{\partial F_3}{\partial z}\end{gathered} \tag{3}$$

高斯定理（或高斯发散定理）：（体积积分和曲面积分之间的变换）

设 V 是空间中的一个闭合有界区域，其边界是分段平滑可定向曲面 S，设 $F(x,y,z)$ 是一个连续的向量函数，并且在包含 V 的某个域中具有连续的第一偏导数，则

$$\int_V \mathrm{Div}\boldsymbol{F}\mathrm{d}V=\int_S \boldsymbol{F}\cdot\boldsymbol{n}\mathrm{d}S \tag{4}$$

或

$$\int_V \mathrm{Div}\boldsymbol{F}\mathrm{d}V=\int_S \boldsymbol{F}\cdot\boldsymbol{n}\mathrm{d}A$$

其中，$\boldsymbol{n}$ 是 S 的另一个法向量（指向 S 的外侧）。

4. 傅里叶级数与傅里叶积分

众所周知，对于那些在物理上有意义的函数，用傅里叶级数来展开它，以便更好地理解和分析它的性质和行为。在最常见的情况下，这些成分是正弦函数，或者是具有虚指数的指数函数。

由于函数以周期 T 周期性地重复，并且角频率 $\omega = 2\pi / T$ 。它可以表示为一个傅里叶级数，包括 M 个余弦项和正弦项。他们的频率为 ω， 2ω ，…或者可以表示为一系列具有相同频率的指数函数。

如果扰动不是周期性的，它可以表示为正弦或指数项上的傅里叶积分。

在本节中，我们简要地介绍了傅里叶级数和傅里叶积分表示的主要方面。

周期性孪生函数，如果其值以间隔 T 在所有时间重复，这意味着 $f(t+T)=f(t)$ ，其中 T 是周期。周期函数如图附 1 所示。

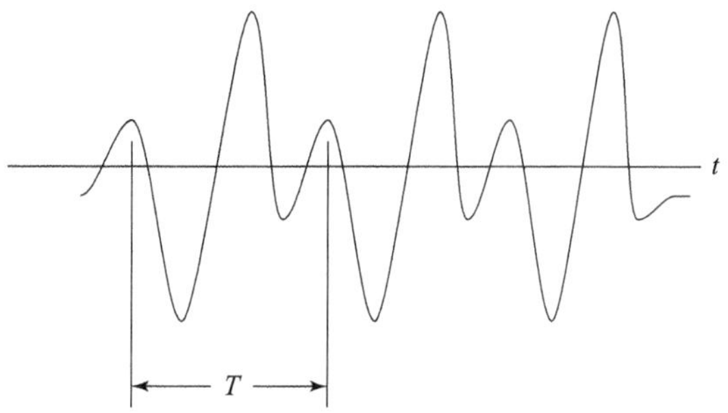

图附 1　周期函数示意图

类似地，一个函数可以在空间中表现出周期性，具有周期长度（波长），即 $f(x+T)=f(x)$ 。在相当不受限制的条件下，周期为 T 的周期函数可以通过傅里叶级数来表示。

$$f(t)=\frac{1}{2}a_0+\sum_{n=1}^{\infty}\left[a_n\cos\left(\frac{2\pi nt}{T}\right)+b_n\sin\left(\frac{2\pi nt}{T}\right)\right] \tag{5}$$

确定该级数在任何条件下收敛并收敛到 $f(t)$ 绝非一件琐碎之事。然而，只要 $f(t)$ 及其一阶导数在每个周期内除了有限数量的不连续性外是连续的，就满足条件。函数越平滑，级数的收敛速度就越快。

通过使用正弦和余弦函数的四象限对称关系，

$$\begin{gathered}\int_{-\frac{1}{2}T}^{\frac{1}{2}T}\cos\left(\frac{2\pi nt}{T}\right)\cos\left(\frac{2\pi mt}{T}\right)\mathrm{d}t=\frac{1}{2}TS_{mn}\\ \int_{-\frac{1}{2}T}^{\frac{1}{2}T}\sin\left(\frac{2\pi nt}{T}\right)\sin\left(\frac{2\pi mt}{T}\right)\mathrm{d}t=\frac{1}{2}TS_{mn}\\ \int_{-\frac{1}{2}T}^{\frac{1}{2}T}\cos\left(\frac{2\pi nt}{T}\right)\sin\left(\frac{2\pi mt}{T}\right)\mathrm{d}t=0,\quad n\geqslant 0,m\geqslant 0\end{gathered} \tag{6}$$

$$S_{mn} = \begin{cases} 0, & m \neq n \\ 1, & m = n \end{cases}$$

傅里叶级数的系数由下面式子确定：

$$a_n = \frac{2}{T}\int_{-\frac{1}{2}T}^{\frac{1}{2}T} f(t)\cos\left(\frac{2\pi nt}{T}\right)\mathrm{d}t \tag{7}$$

$$b_n = \frac{2}{T}\int_{-\frac{1}{2}T}^{\frac{1}{2}T} f(t)\sin\left(\frac{2\pi nt}{T}\right)\mathrm{d}t \tag{8}$$

$$a_0 = \frac{2}{T}\int_{-\frac{1}{2}T}^{\frac{1}{2}T} f(t)\mathrm{d}t \tag{9}$$

通过方程（5），递归函数通过大小为$\frac{1}{2}a_0$的非周期分量和频率为 $1/T$ 的谐波函数以及更高谐波的无限级数表示。

正弦和余弦级数的一个有用替代方案是利用

$$\cos(n\omega t) = \frac{1}{2}(\mathrm{e}^{\mathrm{i}n\omega t} + \mathrm{e}^{-\mathrm{i}n\omega t}) \tag{10}$$

$$\sin(n\omega t) = \frac{1}{2i}(\mathrm{e}^{\mathrm{i}n\omega t} + \mathrm{e}^{-\mathrm{i}n\omega t}) \tag{11}$$

这提供了式（5）的替代式。

$$f(t) = \sum_{\infty}^{n=-\infty} C_n \exp(-\mathrm{i}n\omega t) \tag{12}$$

我们使用了 $\omega = 2\pi / T$ 和

$$c_0 = \frac{1}{2}a_0,\quad c_{-n} = \frac{1}{2}(a_n - \mathrm{i}b_n),\quad c_n = \frac{1}{2}(a_n + \mathrm{i}b_n) \tag{13}$$

指数函数构成一个有序集合，系数c_n因此可以直接计算为

$$c_n = \frac{1}{T}\int_{-\frac{1}{2}T}^{\frac{1}{2}T} f(t)\exp\left(\frac{2\pi \mathrm{i}nt}{T}\right)\mathrm{d}t \tag{14}$$

傅里叶级数也可以用于非周期函数，如果我们只关注变量的有限范围，比如 $0 \leqslant t \leqslant T$。该函数可以用谐波集合来表示，其中 T 为最长周期。虽然集合组合形成的函数对变量的所有值都具有周期性，但这对我们的分析并不重要，因为我们只关心范围 $0 \leqslant t \leqslant T$，范围越广，傅里叶级数的基频越低。

如果一个函数不是周期性的，需要在整个变量范围内表示，例如，如果它包含一个独特的脉冲，可以用傅里叶积分表示。函数 $f(t)$ 的积分表示形式为

$$f(t) = \frac{1}{2\pi}\int_{-\infty}^{\infty} \mathrm{e}^{-\mathrm{i}\omega t} f^*(\omega)\mathrm{d}\omega \tag{15}$$

$$f^*(\omega) = \int_{-\infty}^{\infty} \mathrm{e}^{\mathrm{i}\omega t} f(t)\mathrm{d}t \tag{16}$$

函数 $f^*(\omega)$ 通常称为 $f(t)$ 的傅里叶变换。在该术语中，方程（15）定义了逆变换。导出积分关系（15）和（16）的一种有吸引力的启发式方法是考虑傅里叶级数的极限情况，其中

定义区间无限扩大。

此外，傅里叶级数的频谱结构表明，通过在频率空间中紧密排列项，可以无限扩展函数的表示范围，由于正在讨论的波传播问题具有线性特性，可以将多个单独激励的总响应表示为单个响应的叠加。线性叠加，结合强迫函数的积分表示，为我们提供了解决弹性波传播问题的方法。

例如，假设我们要分析半空间中由 x=0 处的表面牵引所产生的应力波，

$$\sigma_x = -p_0 \mathrm{e}^{-\eta t} H(t) \tag{17}$$

当 $H(t)$ 是赫维赛德（Heaviside）阶跃函数时，通过方程（15）和（16），表面牵引力可以用以下傅里叶积分表示

$$\sigma_x(0,t) = \frac{p_0}{2\pi \mathrm{i}} \int_{-\infty}^{\infty} \frac{\mathrm{e}^{-\mathrm{i}\omega t}}{\omega + \mathrm{i}\eta} \mathrm{d}\omega \tag{18}$$

现在考虑一个时间-谐波应力波的形式

$$\sigma_x(x,t) = \frac{1}{\omega + \mathrm{i}\eta} \mathrm{e}^{-\mathrm{i}\omega\left(t - \frac{x}{c_{\mathrm{L}}}\right)} \tag{19}$$

显然，这种波产生的是半空间的表面力

$$(\omega + \mathrm{i}\eta)^{-1} \exp(-\mathrm{i}\omega t)$$

由于线性叠加是允许的，并且由于对积分表示方程（18）的各个分量的响应由式（19）给出，因此由方程（17）形式的表面牵引引起的应力可以表示为

$$\sigma_x = \frac{p_0}{2\pi \mathrm{i}} \int_{-\infty}^{\infty} \mathrm{e}^{-\mathrm{i}\omega\left(t - \frac{x}{c_{\mathrm{L}}}\right)} \frac{\mathrm{d}\omega}{\omega + \mathrm{i}\eta} \tag{20}$$

方程（20）为我们提供了由方程（17）规定的表面牵引引起的应力的形式表示。

方程（20）中的积分可以通过复平面中的轮廓积分技术来计算。在该形式的解中出现的积分，即方程（20）的例子如下

$$I = \int_{-\infty}^{\infty} \mathrm{e}^{\mathrm{i}a\xi} f(\xi) \mathrm{d}\xi \tag{21}$$

其中，$f(\xi)$ 是单值的，a 是实的。这些积分是通过剩余定理计算的，该定理定义了逆积分。

$$\frac{1}{2\pi \mathrm{i}} \int_{\mathrm{I}} \mathrm{e}^{\mathrm{i}a\xi} f(\xi) \mathrm{d}\xi = T,\ \text{内部收敛之和} \tag{22}$$

为了评估上述积分，即方程（21），我们选择一个轮廓 I，包括实轴和以原点为中心、半径为 R 的半圆。当 a>0 时，半圆取在上半平面。

在极限 $R\to\infty$的情况下，半圆上的积分为零，如果满足以下条件：

$$F(R) \to 0 \quad \text{当} R \to \infty, \text{其中} \left| f(R\mathrm{e}^{\mathrm{i}a}) \right| \leqslant F(R)$$

复变函数的余数定理和若尔当（Jordan）引理是复变函数的书籍中讨论的主题（Carrier et al., 2005）。

注意，若给出

$$\sigma_x = -p_0 \mathrm{e}^{-\eta t} H(t) \tag{23}$$

其中，H（t）是赫维赛德阶跃函数。

可证明

$$\sigma_x(0,t)=\frac{p_0}{2\pi i}\int_{-\infty}^{\infty}\frac{e^{-i\omega t}}{\omega+i\eta}d\omega \tag{24}$$

因为

$$f^*(\omega)=\int_{-\infty}^{\infty}e^{i\omega t}f(t)dt \tag{25}$$

赫维赛德阶跃函数 H，定义如下：

$$H(t)=\begin{cases}0, & t<0\\ 1, & t\geqslant 0\end{cases}$$

所以

$$\begin{aligned}\sigma_x^*(0,\omega)&=\int_{-\infty}^{\infty}e^{i\omega t}[-p_0e^{it}H(t)]dt=-p_0\int_0^{\infty}e^{(i\omega-\eta)t}dt\\ &=-p_0\frac{1}{i\omega-\eta}[e^{(i\omega-\eta)t}]_0^{\infty}=-\frac{p_0}{i\omega-\eta}[e^{-(\eta-i\omega)t}]_0^{\infty}=\frac{p_0}{i\omega-\eta}\\ \sigma_x(0,t)&=\frac{1}{2\pi}\int_{-\infty}^{\infty}e^{-i\omega t}\frac{p_0}{i\omega-\eta}d\omega=\frac{p_0}{2\pi i}\int_{-\infty}^{\infty}\frac{e^{-i\omega t}}{\omega+i\eta}d\omega\end{aligned} \tag{26}$$